U0163100

可持续时尚

零浪费时装设计

[澳] 提姆·里萨宁 [瑞典] 赫利·麦奎伦 著
袁燕 译

東華大學 出版社
·上海·

图书在版编目（CIP）数据

零浪费时装设计 / (澳) 提姆 · 里萨宁(Timo Rissanen) , (瑞典) 赫利 · 麦奎伦
(Holly McQuillan) 著 ; 袁燕译. 一上海 : 东华大学出版社, 2024.1
ISBN 978-7-5669-2329-5
I. ①零… II. ①提… ②赫… ③袁… III. ①服装设计 IV. ①TS941.2

中国国家版本馆CIP数据核字(2024)第034295号

策划编辑：徐建红
谢 未
责任编辑：徐建红
书籍设计：东华时尚

出　　版：东华大学出版社（地址：上海市延安西路1882号　邮编：200051）
本社网址：dhupress.dhu.edu.cn
天猫旗舰店：dhdx.tmall.com
销售中心：021-62193056　62373056　62379558
印　　刷：上海盛通时代印刷有限公司
开　　本：889mm×1194mm　1/16
印　　张：13.25
字　　数：460千字
版　　次：2024年1月第1版
印　　次：2024年1月第1次
书　　号：ISBN 978-7-5669-2329-5
定　　价：198.00元

前　言

十年前，当我们首次开始着手这些想法时，我们是在孤立地工作。我们彼此都不认识，也不知道我们正在做的事情到底叫什么，最终，我们花了很长的时间，并努力向对方阐明我们的意图和动机，尝试通过服装来将它们形象化呈现出来。成功的时尚未来需要社区和共享机制的建设。正因为如此，在过去的十年间，这样的理念悄然而生。

我们希望，通过撰写这本书，可以为你提供一个对这个社区的深入了解，以缓解很长时间以来我们所面临的挑战。这一过程，一部分是对历史的挖掘，一部分是对当代的重新思考，还有一部分是对未来时尚的号召。这本书从所有这些角度，探索了零浪费时尚，追溯了尊重材料的起源，概述了当代对布料的热爱以及所有与时尚相关的物化产品和文化产品，而所有这些都随着需求变化而变化。

零浪费时装设计并非只有唯一的路径。虽然，我们以一种单一的声音撰写本书，但是我们的工作方法常常是不尽相同的。我们旨在将这种设计实践的多样性贯穿全书。

目 录

第一章

零浪费时装设计的前世今生

时尚是富有魅力的、迷人的，甚至是神奇的。然而，时尚行业及服装生产一直充斥着低效率。这些低效率常常被掩盖，因为除了置身于生产之中的人，几乎没有人能看到生产的过程。零浪费时装设计不仅通过对废弃面料的重新构造来设法解决这种低效率，同时也可以作为一种契机来探索时尚的奥妙；正如所有的时尚一样，零浪费时尚宣告了一种新形式的试验与探索的诞生。

图1
由朱利安·罗伯茨（Julian Roberts）设计的《一无所衣》连衣裙，探索了一种创造性的纸样裁剪方法——“减法裁剪”。

服装：朱利安·罗伯茨

1

废弃纺织物

废弃纺织物分为两类：一是工业生产过程中产生的废弃纺织物，二是消费者产生的废弃纺织物。消费前废弃纺织物是在生产纤维、纱线、面料和服装的生产过程中产生的，而大部分消费前废弃面料都来自服装加工的生产过程。

消费后废弃纺织物来自消费者，包括服装和家用纺织品。本书主要聚焦于对消费前废弃面料的设计：零浪费时装设计。

+ 废弃面料：数字 +

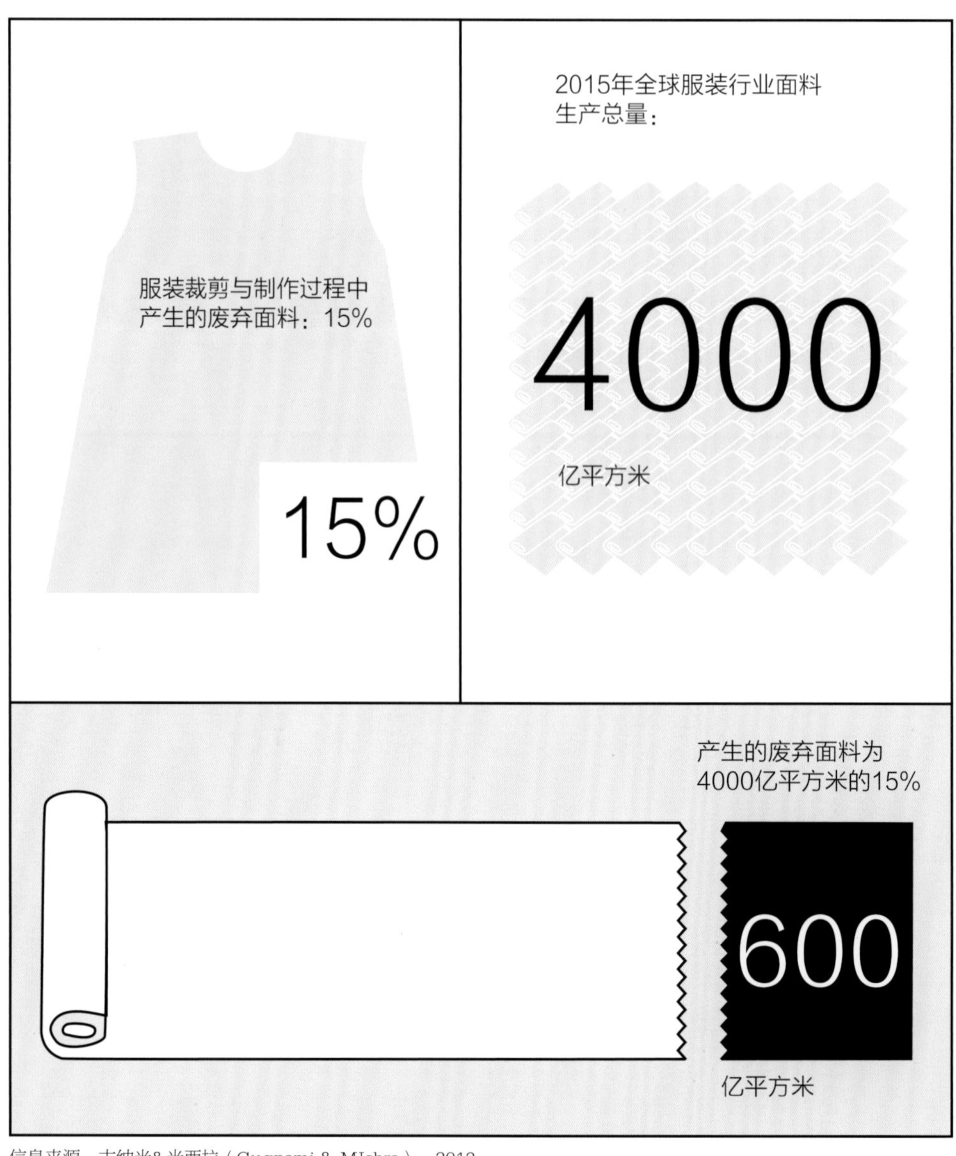

信息来源：古纳米&米西拉（Gugnami & MIshra），2012

时尚行业中的废弃面料常常被看作是一个经济问题，再好的系统也只能确保废弃面料不会带来太多的经济损失。然而，有证据表明，对于时尚行业来说，废弃面料也应该是一个与环境和道德伦理相关的考量要素。面料的开发要经过纤维提取、纺纱、设计、织造（梭织或针织）以及后整理等若干工艺，因此面料是一个有价值的、精细化的产品。从经济投资的角度来看，面料体现了在材料、能源、水和时间方面的投入。当面料在生产过程中被浪费掉时，这些废弃部分所承载的“投资”就会变为损失。废弃面料循环再利用可以弥补材料方面的投入，但是通常会需要更多的能源、水和时间的投入。

本书中所提及的零浪费时装设计，主要是通过将纸样裁剪整合到设计过程中，从而实现丝毫不浪费面料的目的。有必要对本书的适用范围进行限定，比如，广义的零浪费时装设计可以包含从设计角度考虑废弃服装的处理对策。

时尚语境中的“零浪费”一词出现于 2008 年以后，这使得很多人认为零浪费时装设计是一个全新的现象。在对时尚以外的内容进行研究时发现，保罗·帕尔默（Paul Palmer）早在 20 世纪 70 年代就建立了零浪费学院，并针对现代工业生产的浪费情况发表了许多评论文章，特别是针对循环再利用问题。帕尔默是第一个使用“零浪费”这一名词的人，部分原因是因为他具有一定的前瞻性，将来这一名词会更为时尚产业所接受。尽管零浪费时装设计这一概念是全新的，但是其实践手法却和装扮人体的动物皮和面料一样久远而古老。

本章介绍了几个来自不同历史文化背景中的零浪费和“较少浪费”的服装案例，随后是现代的设计案例。尽管很难将其泛化，但还是能够找到一些关联性。例如，有证据表明，20 世纪和 21 世纪的一些时装设计师都曾受到历史上零浪费或者较少浪费服装裁剪方式的影响。本章简要介绍了零浪费服装跨越时代的丰富多样性，建立起一个坚实的基础，并以此为灵感启发你开始试验。

跨越时代的零浪费时装设计

本章中的许多历史服装并非出自当今意义上的“时装设计师”之手，然而，我们可以把所有人都看作是设计师。正如伯纳德·鲁德弗斯基（Bernard Rudofusky）所写的“没有建筑设计师的建筑”，同理，我们可以把这些服装看作“没有设计师的零浪费时装设计作品”。其中大部分服装都产生于原材料紧缺、纱线和面料生产工艺落后的时代。所以，对面料给予最大限度的尊重与关爱，对于我们当今的设计师而言，也是很有价值的启发。

多罗西·伯纳姆

安大略省皇家博物馆

如果没有多伦多安大略省皇家博物馆的馆长多罗西·伯纳姆（Dorothy K. Burnham）的鲜活作品，本书是不可能写成的。1973年伯纳姆出版了一本名为《裁剪我的外套》（*Cut My Cote*）的展览手册，以配合同名展览。在该手册中，伯纳姆讨论了影响服装裁剪的诸多因素——人体、气候、地域、地势、社会地位以及得体的穿着方式——声称这些因素“都很重要，但是，服装所用的材料才是对服装造型最具影响力的因素”。围绕着服装裁剪，发展出两个分支：基于动物皮造型的拓展和那些“受限于面料织机宽度的直线型造型”，最终，这二者又合二为一。

伯纳姆也许是第一个将裁剪的有效性放在前沿研究的学者，揭示了特定时期特定文化中裁剪有效性与所使用的梭织织机类型的关联性，这种织机类型决定了面料的幅宽，而且最有意义的是，他发现了面料幅宽、服装裁剪及所产生的浪费之间的联系。

历史上和传统服装中的零浪费设计

许多时装史聚焦于西方时尚，而非西方时尚从某种程度上被认为是各不相同的，而且，随着时间变化而始终保持不变。对于零浪费时尚来说，这样的定义是不太确切的；之前定义的零浪费时装设计，在不同的文化中一直存在。这里所列举的例子与其说是按照历史年代，倒不如说是按照主题，因为在这里可以按照时间列出非常明确的零浪费的发展演变。

最初的“服装”可以理解为用动物皮在人体上立体裁剪实现的。更复杂些的服装，例如北美洲的大平原印第安人所穿着的服装，是为实现合体而由多种动物皮拼接而成的“服装”。随着梭织面料的发展，从最简化的角度来看，一段面料就可以当作衣服穿。古希腊时期的希玛申（Himation，古希腊人穿着的宽松长衫）、希顿（Chiton，古希腊人贴身穿着的宽大长袍）和派普洛斯（Peplos）与印度的主要服装纱丽（Sari），都是未经裁剪而披挂在人体上的样式。纱丽可以以许多方式缠裹披挂，可以被看作是古希腊服装留存下来的例证。

制作日本和服，可以选用一种窄幅的梭织面料（35~40cm），按照所需的长度（通常为11~12m）裁剪为五片，再将第五片裁剪为四片，因此一共被裁剪为八片。在裁剪过程中没有任何浪费的面料。领前部的多余面料可以打成褶裥隐藏在领部，而不是被剪掉。与此相似，在一些和服中，弧形的袖口是通过松开袖子内多余的缝份来实现的，而并非将其剪掉。和服是以手缝的方式运用撩针进行缝制的，清洗时可以完全拆开，暂时恢复到它与平面面料最接近的原始形状。

2

图2
这件外套的裁剪展示了日式服装裁剪方法中的零浪费原理，都是以和服为参照的。男式外套纸样（日本，20世纪初期）。

多罗西·伯纳姆/安大略省皇家博物馆供稿

两例来自中国的零浪费或较少浪费的裤子［蒂尔克（Tilke）1956 年绘制］展示出两个彼此相对并交叠的巨大的长方形，制成了具有吊裆效果的不对称的裤子。该款式没有清晰明确的前后之分。在其中一条裤子中运用了小的三角片，用来使腰部与人体更贴合。和服和这些裤子都采用了相似的形状，裤子的案例说明简单的几何造型也可以连接在一起，以一种非常规的方式创造出极富动感的造型。

来自中世纪丹麦的女式衬衫（蒂尔克 1956 年绘制），也是由一块布裁剪而成的。紧身上衣缠裹至后中缝处，并从袖子伸出的部位贴缝一块育克。伯纳姆（1973）解释了动物皮的形状是如何对这种裁剪带来影响的。这种裁剪方式在很多国家都有，例如匈牙利的嘎达（Guba）。一件来自提姆·里萨宁(Timo Rissanen) 的祖母（1923 年出生于芬兰）的婴儿衬衫就是以相同的裁剪方式裁制而成的，与当代很多名家之作的结构一样，如邓姚莉（Yeohlee Teng）、大卫·特尔弗（David Telfer）以及麦奎伦（McQuillan）和里萨宁的作品。

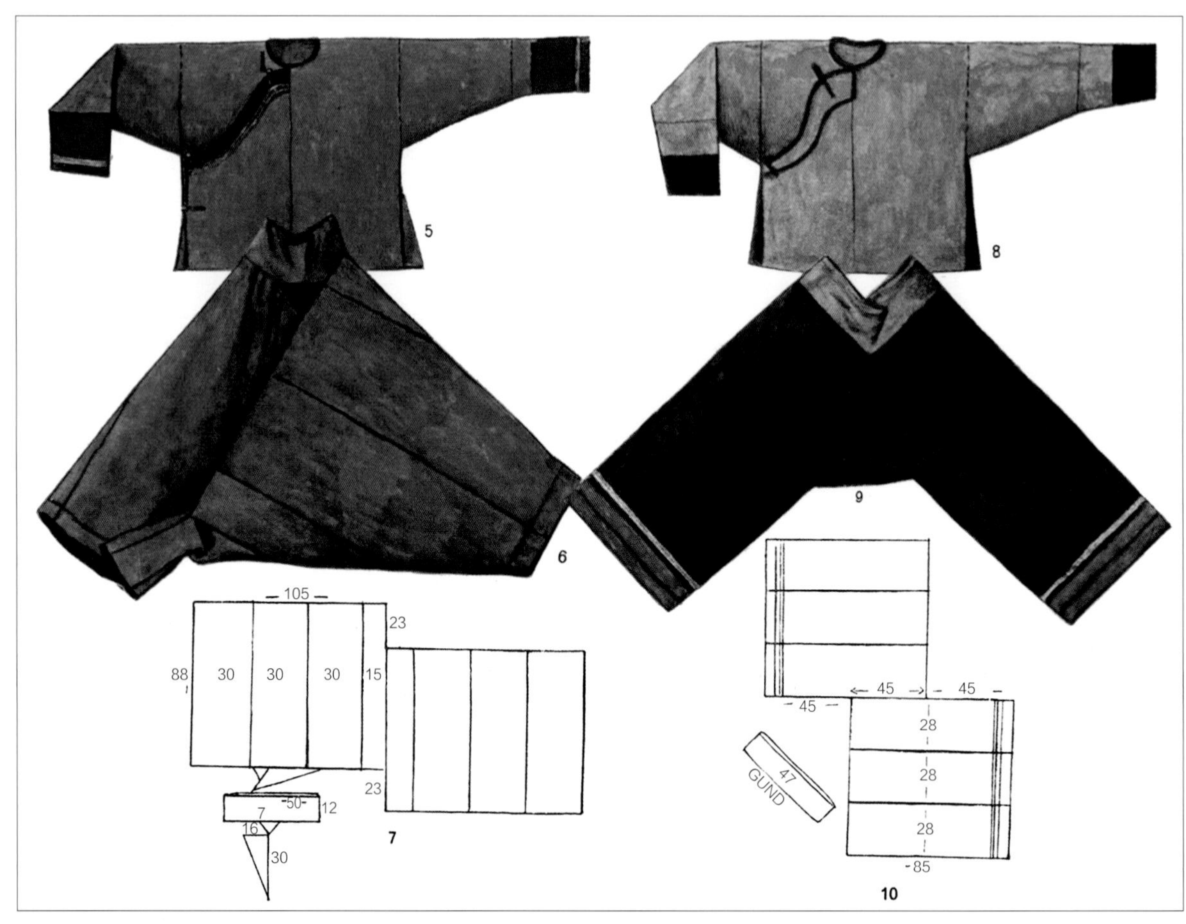

3

图3
来自中国的裤子，蒂尔克绘制，展示了两个矩形“错位”排列缝合的方式，使得面料呈现出三维立体的、不对称的形态。该原理可以应用于所有品类的服装中。

恩斯特·瓦斯莫斯·弗拉格（Ernst Wasmuth Verlag）供稿

4

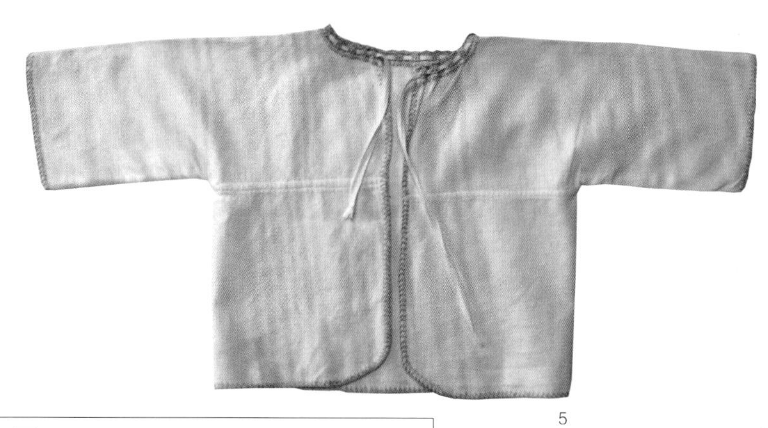

5

图4
来自丹麦的衬衫，其裁剪方式明显受到了动物毛皮服装制作方式的影响，蒂尔克（1956）绘制。

恩斯特·瓦斯莫斯·弗拉格供稿

图5
来自芬兰的婴儿衬衫（约1923），其裁剪方式基于相同面料剪切和折叠的原理。

提姆·里萨宁供稿

图6
邓姚莉1997年设计的大衣，其裁剪方式被应用于现代外穿服装的设计中。

服装：邓姚莉

图7
提姆·里萨宁将这种裁剪方式应用于男装开襟毛衫设计中。

服装：提姆·里萨宁

6

7

图8
男式衬衫的纸样（南美，可能是智利）。
尽管这款T形的衬衫与丹麦衬衫相似，但是裁剪的原理却是不同的。衬衫的袖子与衣身是分开裁剪的，而且腋下三角片的使用将使服装更适体。

多罗西·伯纳姆/安大略省皇家博物馆供稿

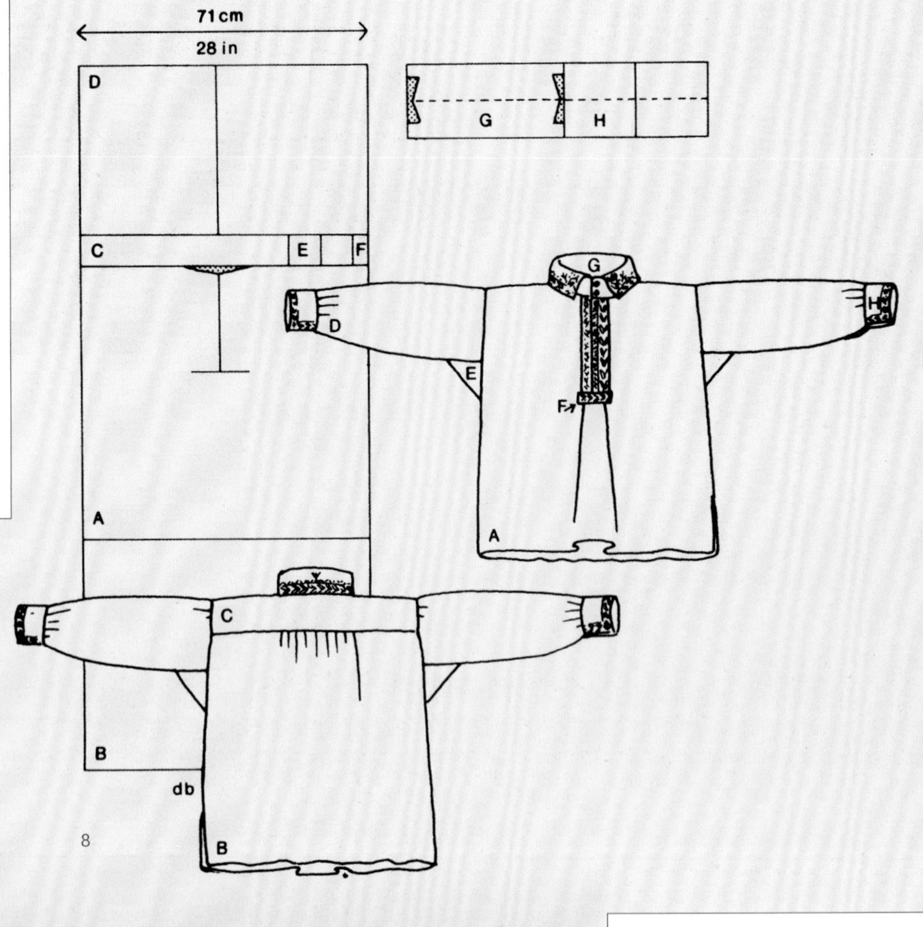

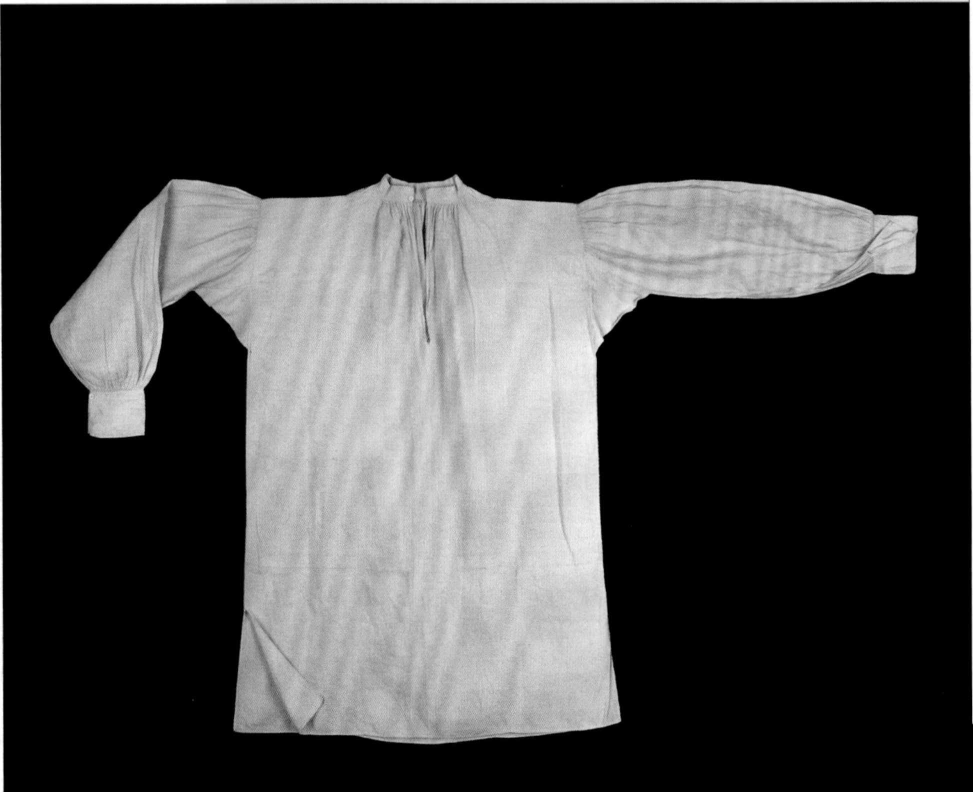

图9A
在博物馆中，历史上千变万化的“矩裁剪”衬衫主要来自欧洲和美洲。19纪，这些矩形裁剪方式的衬衫逐渐开从西方服装款式中消失，取而代之的运用袖窿与颈部带有弧度裁剪的衬衫这个例子是值得注意的，因为详实的究结果表明，它经过了至少20年甚40年的长时间修复和重构。

格雷斯·哈茨肖恩·韦斯特菲尔德（Grace Hartshorn Westerfield）遗赠

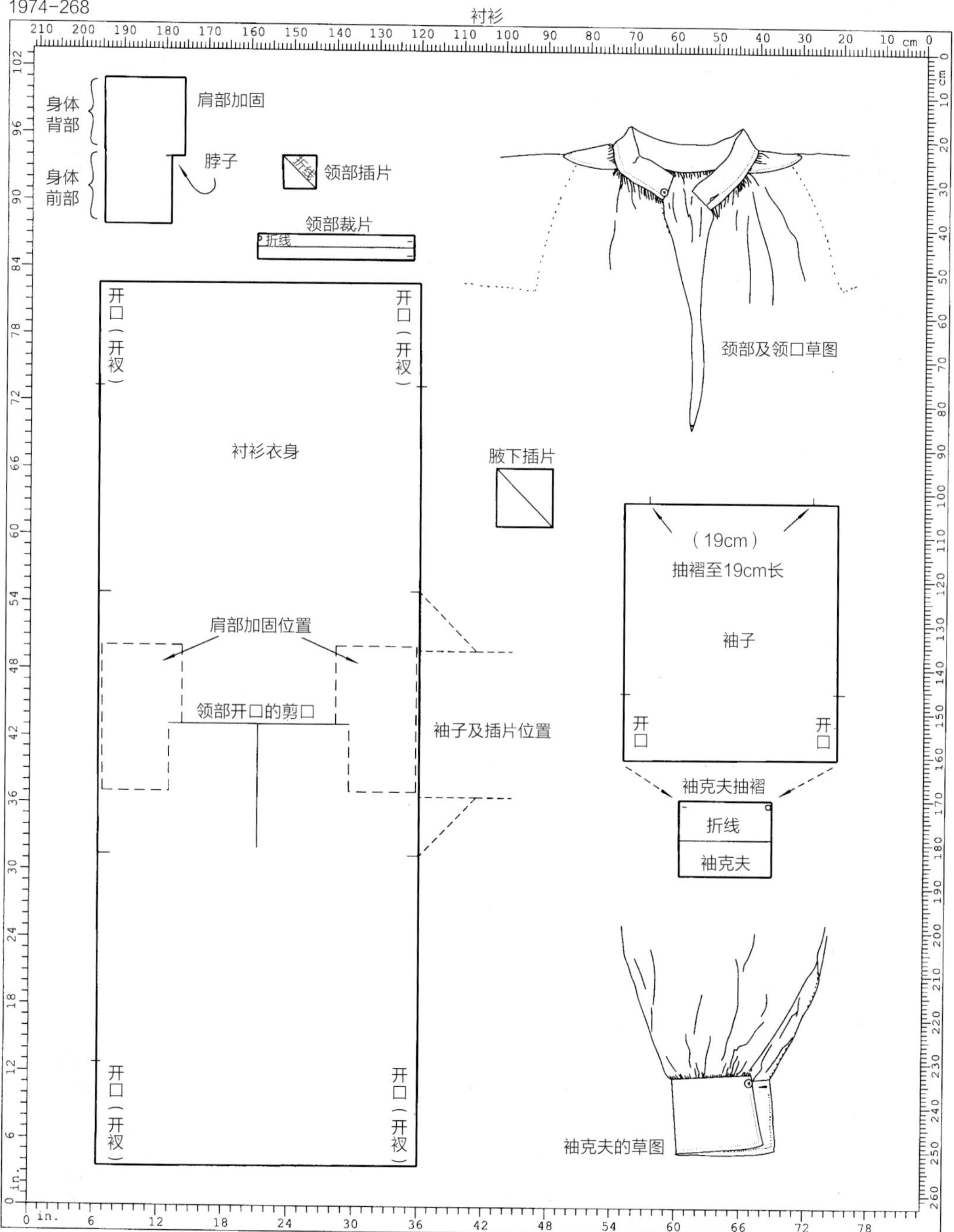

图9B
对衬衫裁剪的研究表明，在产生张力的区域（如袖窿部位）加入面料，可以延长服装的使用寿命。颈部开口设计由T形剪口与抽褶和三角插片相结合。

格雷斯·哈茨肖恩遗赠

9B

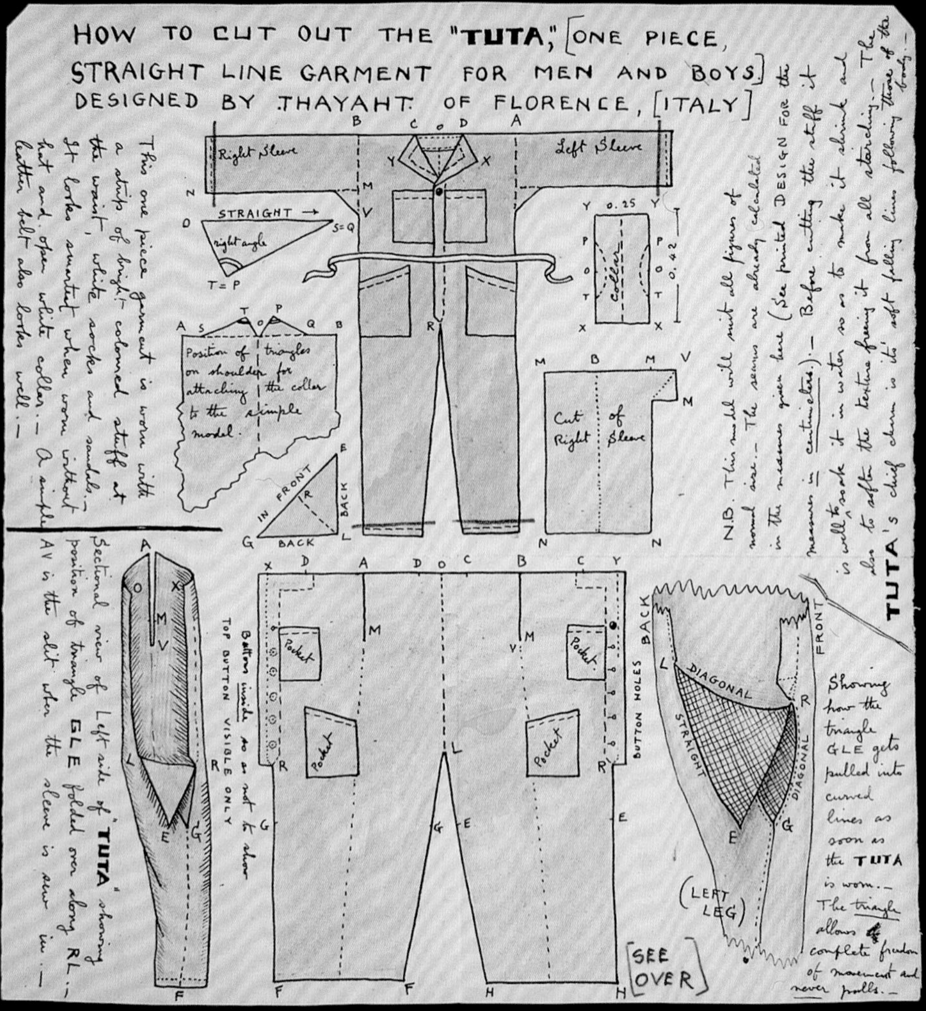

图10
塔亚特（Thayaht）设计的图塔（Tuta），此款运用的“矩形裁剪”与图9的衬衫裁剪相似。显而易见，为了获得更好的适体性，裆部加入了三角形插片，类似当今裤子裆部的弧线裁剪。

私人藏品

现代的零浪费时装设计

自 20 世纪初期以来，确切地找到零浪费和较少浪费服装的创造者是有可能的。这些图例充分说明了零浪费服装的基础，也展示了面料幅宽与服装裁剪之间的关系。尽管这里提及的大多数创造者所关注的重点并非放在减少浪费上，但是这里选定的服装都带来了较少浪费或无浪费。

20世纪的零浪费时刻

意大利未来主义艺术家塔亚特在 1919 年发布了图塔（Tuta，或者称为连体衣），其衣身为一片式，在两腿之间使用了楔形裁片作为前片的装饰贴片，腋下和裆部的插片提高了适体性和运动性。塔亚特创造了多个版本的图塔，包括两片式男式连体服与女式连衣裙。

11

图11
塔亚特还创造了女装版本的图塔，图中连衣裙就是一个例子，在草图中可以看到腋下插片。

拉杜 · 斯特恩（Radu Stern）供稿

12A

图12A 和12B
维尼弗里德·阿尔德里希（Winifred Aldrich）裁制的连衣裙，与20世纪初期法国时装设计师玛德莲恩·维奥内特（Madeline Vionnet）创造的裙装和外套的裁剪方式相似，是基于整圆裁制的，前片和后片都是直丝缕，袖子是横丝缕，两侧是斜丝缕。而基于半圆裁制的连衣裙，前片是直丝缕，后片是横丝缕，袖子则是斜丝缕。

服装：维尼弗里德·阿尔德里希、约翰·威利和桑斯有限公司（John Wiley and Sons Limited）

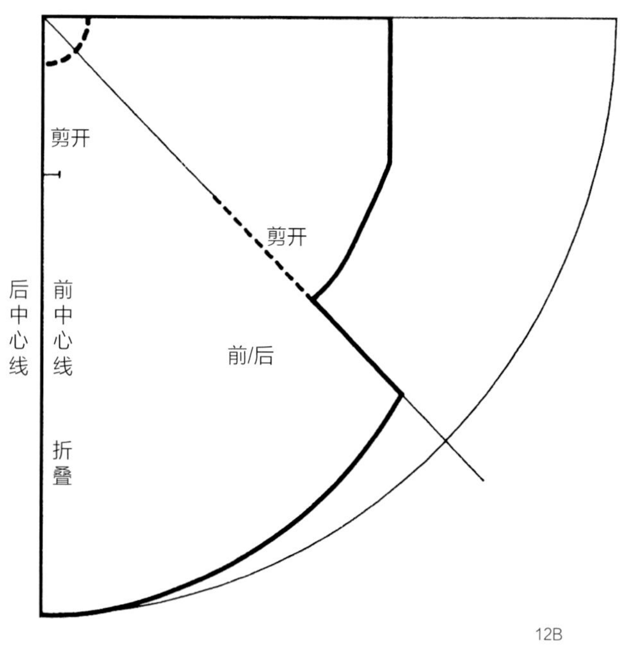

20 世纪 20 年代初期，塔亚特为巴黎高定设计师玛德莲恩·维奥内特工作。他们分享了一个有趣的动态对称性：一种将自然界中的对称的增长率与古希腊艺术中的对称比例联系起来的设计理论。贝蒂·柯克（Betty Kirke）绘制了维奥内特设计的几款连衣裙的纸样，它们与面料的幅宽密切关联。例如，来自 1919—1920 年的连衣裙由四个 1/4 圆的面料构成，造型极简。将前片肩部扭转到后背部后再连接，消除了袖窿和颈部开口。有趣的是，塔亚特的图塔和维奥内特的 1/4 圆的连衣裙都在同一年即 1919 年诞生。维奥内特的另一款连衣裙是非常与众不同的，由四个矩形裁片构成，矩形裁片都是按照直丝缕裁剪而沿着斜丝缕方向悬垂下来的。斜裁的方式会造成更多的面料浪费；顺着直丝缕裁剪并使斜丝缕方向悬垂，与中国古代的裤子裁剪方法相似，可以消除浪费的现象。

伯纳德·鲁多夫斯基（Bernard Rudofsky）是一个社会历史学家，他批判了西方传统的面料裁剪和服装制作的方式，并指出这种裁制方法从材料和哲学角度都带来了浪费。1950 年代，他将他对传统服装的理解应用到伯纳德单品系列（Bernard Separates range）的线路中。服装由一块矩形结构的面料裁剪而成，是均码并且可调节的，适合所有体型。鲁多夫斯基旨在减少浪费，也减少缝制，通过降低成本、提高可购买性。1944 年，鲁多夫斯基收录了美国设计师克莱尔·麦克卡戴尔（Claire McCardell）的服装，其作品作为零浪费时装设计，在美国纽约大都会艺术博物馆举行了名为“服装现代吗？”（Are Clothes Modern?）的展览。当麦克卡戴尔在帕森斯学习期间，曾经在巴黎呆了一年，购买了维奥内特的裙子并进行了分解。从这些裙子中，她了解了维奥内特的裁剪原理，并在之后将这些原理应用于她在美国生产的大批量产品中。值得注意的是，鲁多夫斯基还在展览目录中收录了麦克斯·蒂尔克（Max Tilke）的纸样图表。

图13A
赞德拉·罗德斯设计的连衣裙。设计师通过服装表达了他对面料的热爱与尊重。服装上展示的图案，一部分是根据几何印花图案的形态来决定的。

13A

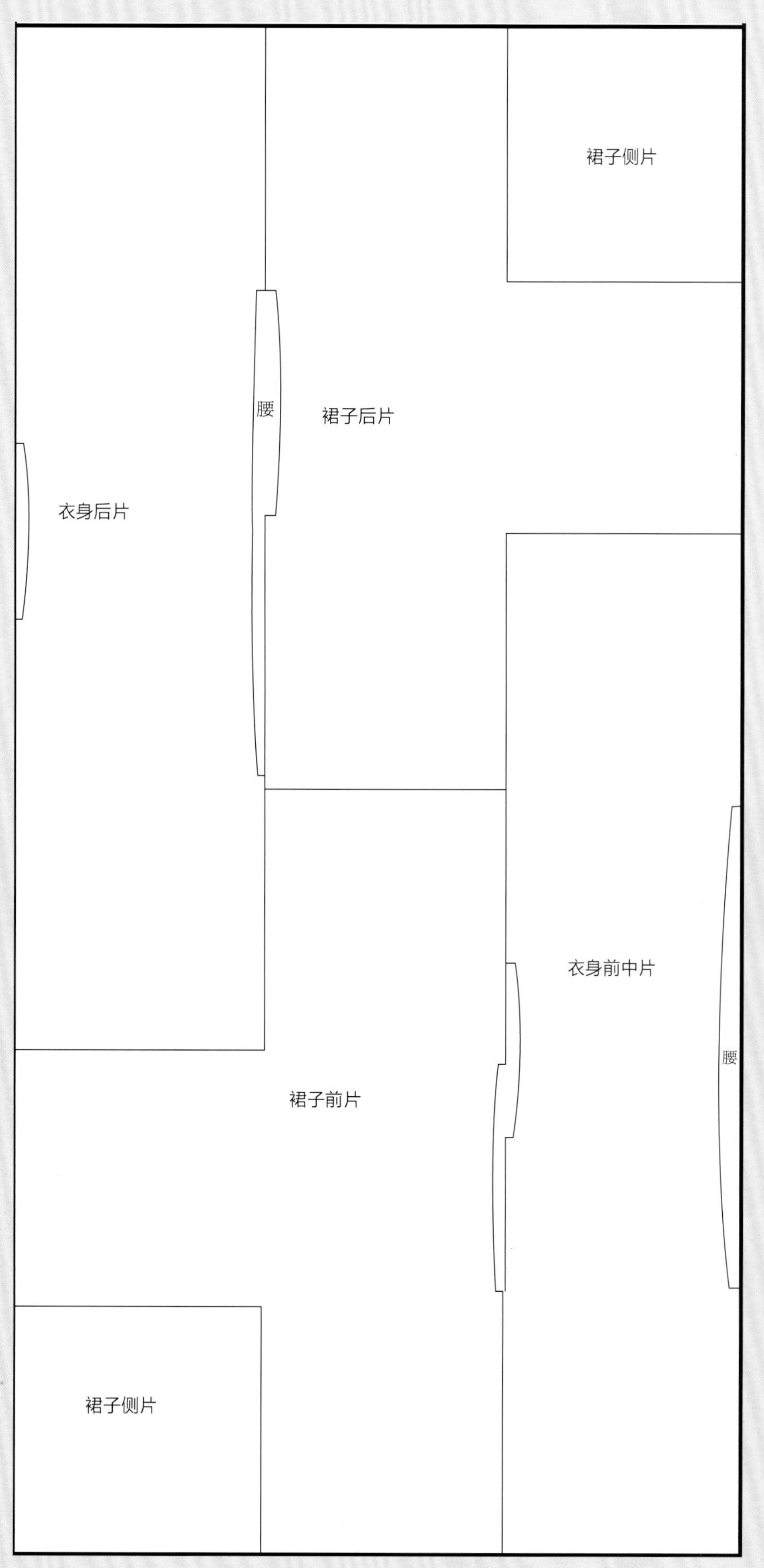

13B

英国设计师赞德拉·罗德斯（Zandra Rhodes）是在20世纪60年代学习设计的，她常常根据印花面料的图案来确定服装的纸样设计。尽管罗德斯是学习纺织品设计的设计师，但是对她来说，纸样设计是一个时装设计过程中的整合部分。1979年衬衫的裁剪，虽然并没有完全避免浪费，但是较为清晰地说明了这种方法。袖子和腰间的抽褶紧紧扣在一起，而衣身的长度是由前面所提及的衣片裁剩下的面料尺寸决定的。同一系列中的连衣裙也表明了以印花为灵感进行设计的相同方法的变化应用。蒂尔克的书很早便对罗德斯产生了影响，因为它对鲁多夫斯基也带来了同样的影响。将纸样与服装的效果图并置在一起，蒂尔克以一种不同的方式来思考服装的设计。

美国设计师邓姚莉从1981年开始已经将面料浪费最小化作为她设计实践的核心要素。邓姚莉将她2009年秋冬的设计称为“零浪费”，来强调她长期推崇的对待面料的谨慎理念。这场秀的展示方式是将围裹式莎笼裙的纸样展示于T台；模特将围裹式莎笼裙脱下来，并把它放在T台上画好的图框中。

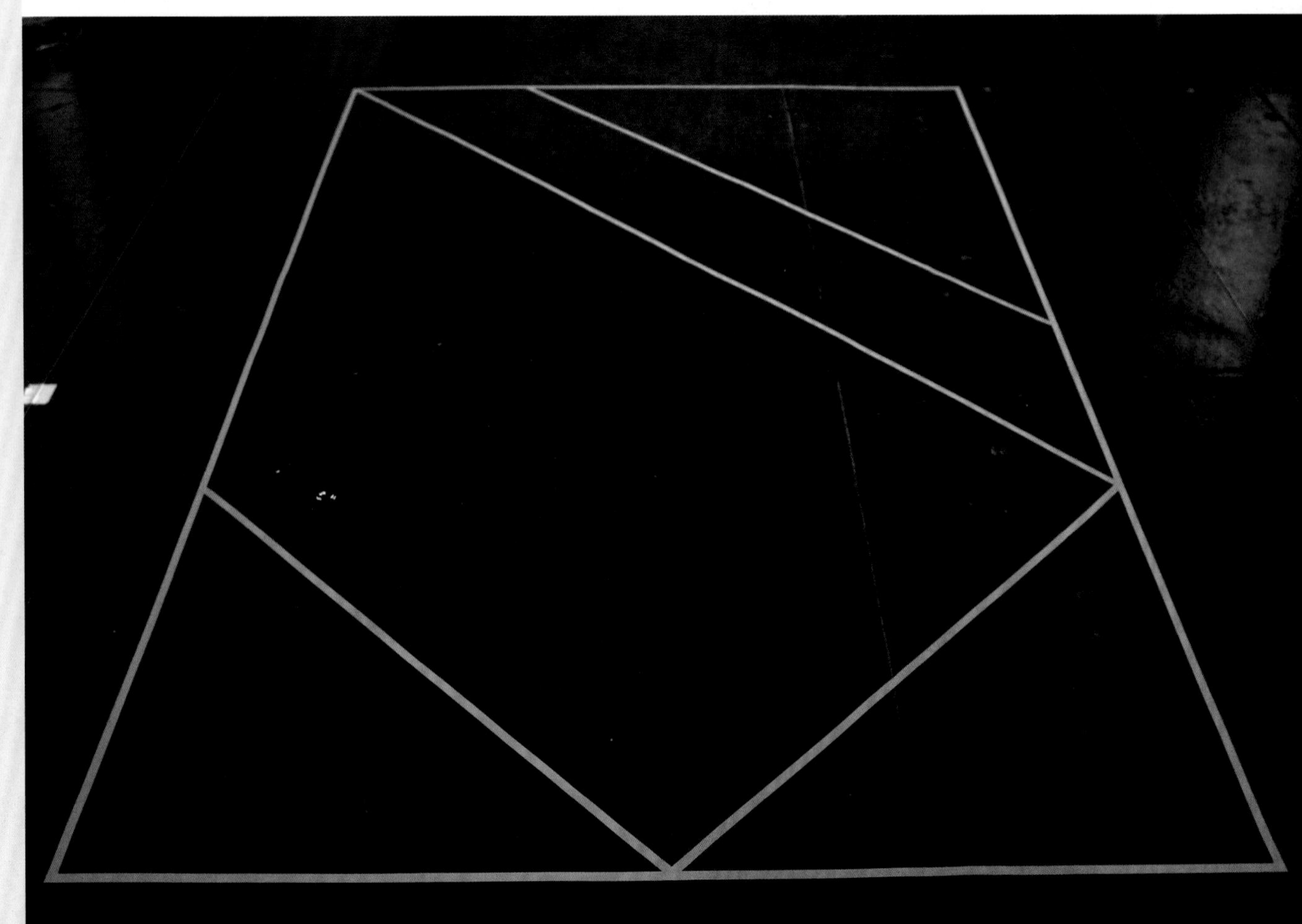

14A

14B

14C

4D

图14A~图14E
邓姚莉设计的围裹式莎笼裙被裁成了五片。很显然，所有的拼接线处都是斜丝缕，这表明精妙的斜裁技术是不会造成面料浪费的。在发布会上，T台的地面上展示了这条围裙的裁剪方式，反复强调了邓姚莉在其毕生职业生涯中所推崇的裁剪方式和面料经济使用的重要性。

服装：邓姚莉

14E

进入21世纪：保护生态可持续性

在21世纪的前十年，零浪费时装设计的理念广泛被人们接受。一家由苏珊·迪马斯（Susan Dimasi）和尚塔尔·科比（Chantal Kirby）创立的澳大利亚公司Materialbyproduct，其生产的服装已经持续十多年没有造成面料的浪费。菲奥娜·白金汉（Fiona Buckingham）的作品科尤塔普（Kyotap）也在这方面做了一些探索。另一位澳大利亚设计师马克·刘（Mark Liu）在2007—2008年发布的零浪费服装引起了人们的广泛注意。还有一些进行零浪费时装设计实验的设计师，比如安德鲁·海牙（Andrew Hague），他设计的衬衫被凯特·弗莱彻（Kate Fletcher）在2008年出版的有关时尚与可持续的重要著作中引用。此外还有弗里德里克·冯·威德尔－帕劳（Friederike von Wedel-Parlow），他在柏林的艾斯莫达学院（Esmod Berlin）设立了时尚与可持续的硕士学位。

15

图15
赫利·麦奎伦设计的连衣裙、裤子和上衣，由吉纳维芙·帕克尔（Genevieve Parker）设计的数码印花。这套服装来自赫利·麦奎伦的展览“生息”，设计师运用了“嵌套式的零浪费设计”，将几件衣服整合为一件零浪费的服装。

服装：赫利·麦奎伦
摄影：托马斯·麦奎伦

图16
提姆·里萨宁的这款零浪费外套和紧腿裤是在他攻读博士学位研究期间创作完成的。

服装：提姆·里萨宁
摄影：托马斯·麦奎伦

图17
由纽约研究工作室的塔拉·圣·詹姆斯（Tara St James）设计的连衣裙。塔拉·圣·詹姆斯设计的“四种穿法的连衣裙”可以通过纽扣的不同扣系方式形成不同的穿法。自从这条连衣裙被设计出来以来，她已经多次发布了这件作品，展示了其多样性。

服装：塔拉·圣·詹姆斯
摄影：托马斯·麦奎伦

图18
卡洛琳·普里贝（Caroline Priebe）设计的连衣裙（2009）。这款简洁的服装证明了零浪费设计并非需要非常复杂的造型才能显示其现代感。

服装：卡洛琳·普里贝
摄影：托马斯·麦奎伦

图19
由塞缪尔·福莫（Samuel Formo）设计的外套。作为建筑设计和产品设计的领军人物，塞缪尔·福莫的零浪费外套设计使得他成功入围《大都会》杂志举办的2009年下一代设计大赛决赛，而且他还是未来大赛时尚板块的决赛入围者。

服装：塞缪尔·福莫
摄影：托马斯·麦奎伦

图20
由詹妮弗·威迪（Jennifer Whitty）设计的三片式外套。这件三片式外套受到了东西方不同裁剪方式对比的启发：侘寂、永恒的象征、接受失误、有序和无序以及自发和控制的二元论。

服装：詹妮弗·威迪
摄影：托马斯·麦奎伦

21

图21
由朱利亚·拉姆斯丹（Julia Lumsden）设计的衬衫和外套。图中的衬衫和外套都是通过运用CAD软件（Accumark）来创作的，探索了传统的男装设计在零浪费时尚方面的可能性。

服装：朱利亚·拉姆斯丹
摄影：托马斯·麦奎伦

22

图22
由卡拉·费尔南德兹（Carla Fernandez）设计的连衣裙。与传统西式（欧式）所教授的裁剪方式不同，当地的衣服通常是由巨大的几何形状制成的。费尔南德兹将这些传统造型看作是托勒尔·弗洛拉（Taller Flora）进行概念化服装设计的基础，经过与当地组织的合作创建了面料和服装品牌。这些面料常常是在传统的后背带式的织机上织成的；这些精心织造的面料经过深思熟虑的设计被谨慎地应用于服装中，这不仅宣扬了布料本身，而且对于它所发端的文化和智慧也是一种赞美。

服装：卡拉·费尔南德兹
摄影：托马斯·麦奎伦

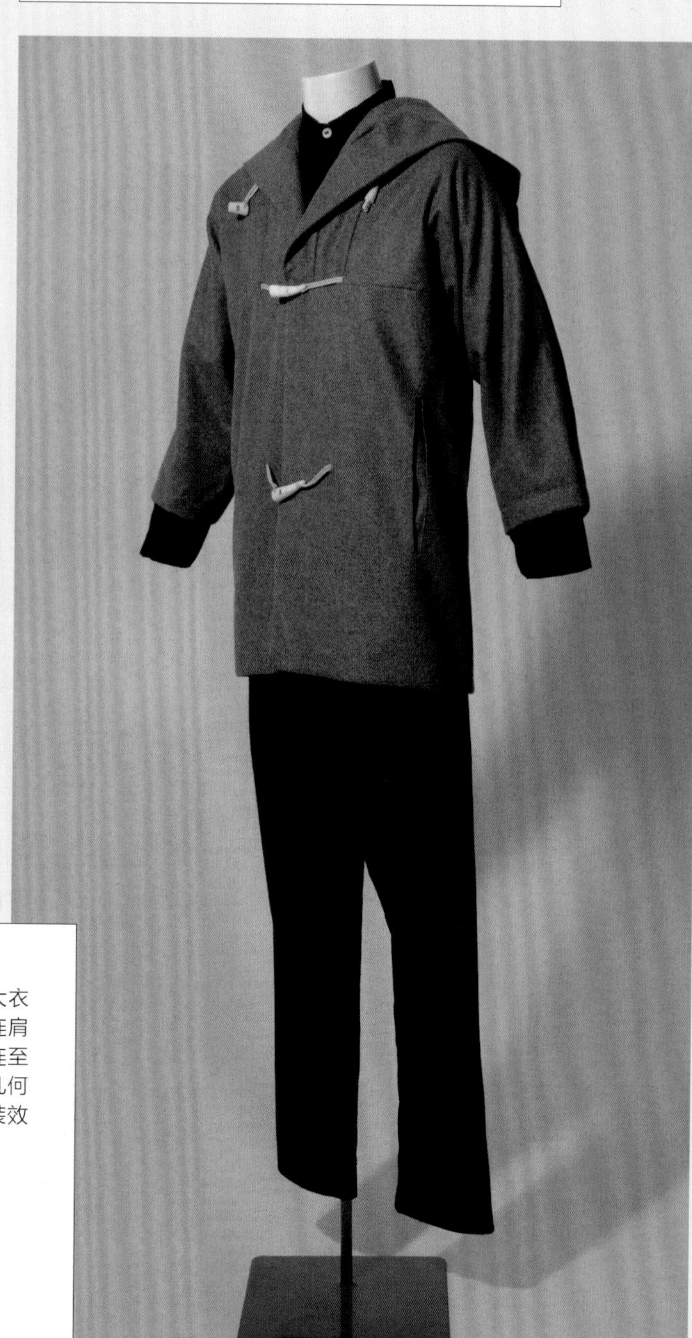

23

图23
由大卫·特尔弗设计的大衣。这款大衣兼收并蓄了世界各地的不同文化。连肩袖从前片连至后片，而后片则从后连至前片。布料的延展性与某些固定的几何裁剪使得服装呈现出三维立体的着装效果。

服装：大卫·特尔弗
摄影：托马斯·麦奎伦

大多数作者的零浪费时装设计实践都是围绕着学术展开的。里萨宁在 2004 年发表了他关于零浪费时装设计的博士研究，并在 2006 年开始写博客。麦奎伦在 2005 年完成了硕士学位；零浪费时装设计也被整合进去。2008 年，麦奎伦在网上发现了里萨宁，并从那时开始不断保持交流。在 2011 年，麦奎伦和里萨宁策划了展览“生息”，这是一场有关零浪费的研究展，展出了罗德斯、邓姚莉、阿拉巴马・沙南（Alabama Chanin）、朱利安・罗伯茨、卡拉・费尔南德兹、朱利亚・拉姆斯丹、詹妮弗・威迪、大卫・特尔弗、纽约研究工作室的塔拉・圣・詹姆斯、乌卢鲁（Uluru）的卡洛琳・普里贝以及塞缪尔・福莫等设计师的作品。2009 年 9 月，圣・詹姆斯为纽约研究工作室所做的首个系列完全是零浪费设计。这个系列设计以矩形为基础：展示中的样式 1 是由一个矩形制成的，样式 2 是由两个矩形制成的，然后是四个矩形，如此往复。此后，圣・詹姆斯的每个系列中都有零浪费设计的服装。普里贝的“韦斯特莱克”（Westlake）连衣裙及其纸样也在 2009 年的“环保 + 美学 = 可持续时尚”展览中展出，该展览由莎拉・斯卡图罗（Sarah Scaturro）和弗朗西斯卡・格拉塔纳（Francesca Granata）共同策展。2011 年春天，普里贝在帕森斯教授了零浪费时尚的课程。塞缪尔・福莫在加利福尼亚艺术学院（California College of Arts，CCA）学习时创作了一款零浪费的外套。必须指出的是，安德鲁・海牙（Andrew Hague）、卡洛琳・普里贝和塞缪尔・福莫都是来自加利福尼亚艺术学院（CCA）的教授、时尚行业可持续设计的先锋领袖琳达・格罗斯（Lynda Grose）的学生。

麦奎伦在梅西大学的同事和学生已经对零浪费时装设计进行了广泛的实验，最著名的是她的同事詹妮弗・威迪和她之前的学生朱利亚・拉姆斯丹。拉姆斯登的系列包含了几款采用零浪费手法设计的男式衬衫。

卡拉・费尔南德兹是一位墨西哥设计师，她的设计实践借鉴了她对本土纺织品和服装的研究，她注意到，裁片和裁去裁片的面料都讲述着一块不完整面料的故事。她与当地的工匠合作，工匠们为她织造面料。本土服装的裁剪为她的服装带来了很多启发。费尔南德斯的做法将无数代人的智慧运用到当代服装上，使 50 年前鲁多夫斯基方法得以延续。

英国设计师大卫・特尔弗一直围绕着零浪费时装设计及其对效率的关注进行研究，如最少的面料使用和最少的缝份。在展览“生息”中展出了粗花呢大衣，与前面所提及的衬衫具有相似的结构。衣身、袖子和兜帽并不需要从最初的裁片中分离，而是切展后使用。

世界各地着手围绕零浪费时装设计进行实验的学生数量持续增长。里萨宁和麦奎伦在帕森斯和梅西大学分别教授零浪费时装设计已经有好几年了，而且在其他学校，例如芬兰的拉赫蒂应用科技大学（Lahti University of Applied Sciences in Finland）也已经将零浪费时装设计纳入课程中有些时日了。西蒙・奥斯丁（Simone Austen）的零浪费毕业设计系列与伊扎克・阿贝卡西斯（Yitzhak Abecassis）的系列设计很像，他的系列设计通过将一块面料切展后形成完全彻底的零浪费设计。与此相似，劳拉・普尔（Laura Poole）的毕业设计系列也是完全彻底的零浪费设计。因为零浪费时装设计越来越被人们接受，所以有必要在全球范围内将其融入时装设计教育中，因为教育系统可以提供理想的尝试环境。

本书的目的在于阐明零浪费时装设计的过程，并鼓励更多公司、教育工作者和学生尝试进行更多实验。迄今为止的例子表明，这不仅是可能的，而且正在发生。

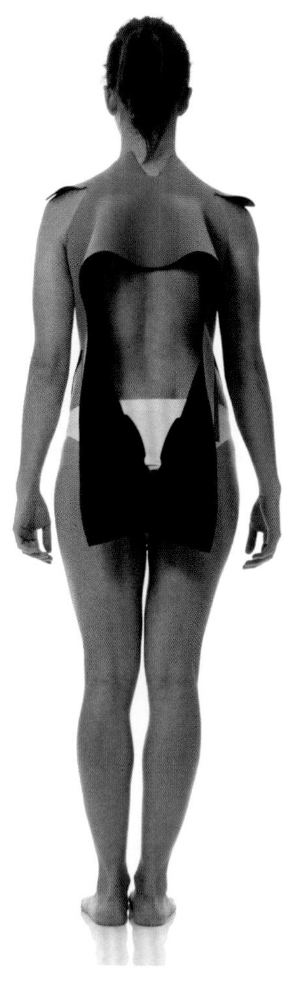

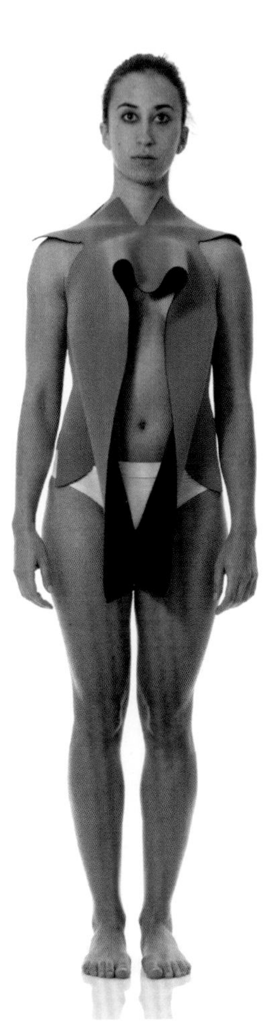

图24
伊扎克·阿贝卡西斯尝试的实验性裙装是由一整块面料切展而成的，切展的原理可以创造出服装的造型或开口（而非分离的两块面料）。这是一种原始的着装方式，适用于任何类型的服装和面料。

服装：伊扎克·阿贝卡西斯

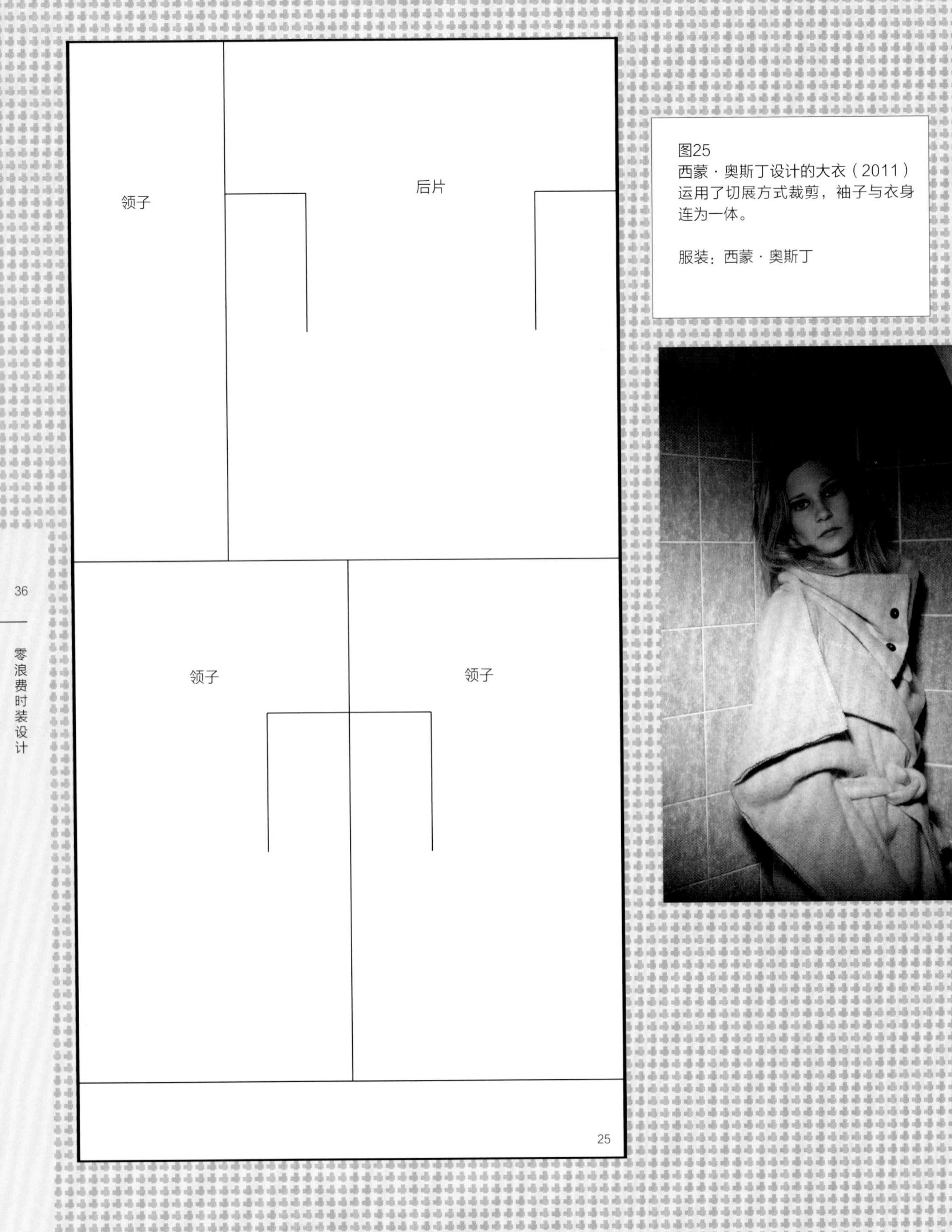

图25
西蒙·奥斯丁设计的大衣（2011）运用了切展方式裁剪，袖子与衣身连为一体。

服装：西蒙·奥斯丁

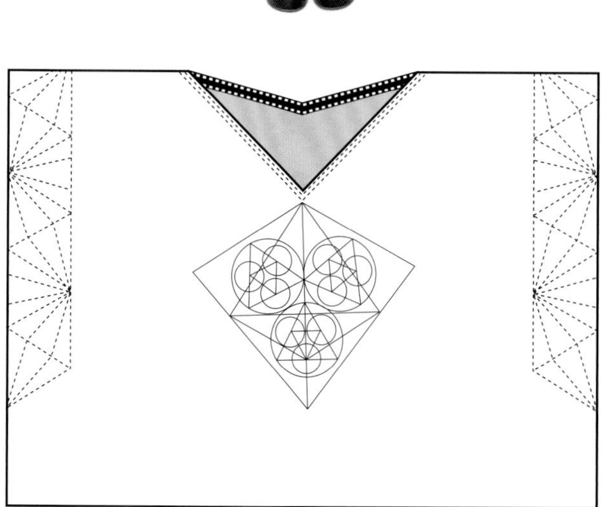

26

图26
劳拉·普尔以零浪费方法设计的研究生毕业设计系列。这款服装的上衣为了得到领口而裁去的部分，又通过装饰刺绣的方式变成了胸前的贴花装饰。

服装：劳拉·普尔

27

图27
玛亚·斯特贝尔设计的上衣和裙子充分利用了所选面料柔软的特点，使矩形的衣片形成行云流水般的流畅效果。

服装：玛亚·斯特贝尔

访谈：玛亚·斯特贝尔

玛亚·斯特贝尔（Maja Stabel）是一个挪威时装设计师和插画师。在参与了丹麦设计师大卫·安德尔森（David Andersen）的零浪费设计项目之后，斯塔贝尔创立了自己的专注于零浪费设计的品牌，并为挪威品牌启蒙时代（Age of Enlightenment）进行设计，该品牌聚焦于时尚的可持续性。

+ 你是怎么想到要设计零浪费服装的？

在进行时装设计的学习期间，我开始对“成为一个普通设计师，做更多我们实际上不需要的衣服”产生质疑。因此我问自己，究竟如何运用时尚去做更多更好的事情呢？

在取得学士学位之后，我开始在哥本哈根进行可持续时尚设计的研究。当我阅读到有关零浪费设计的内容之前，我的脑海中就闪现了要做相关设计的念头。我将要在我的设计中运用一整块布，这也是一个非常新的概念！在读到这个内容后不久，我意识到已经有好几位设计师在进行这方面的实践探索。我并没有研究其他设计师是如何进行设计的，我只是按照自己的想法来实践零浪费的设计方法：先尝试三角形，再尝试矩形，使后续的量产变得更容易。

简而言之，我的故事就是这样的：在学校里完成了一份零浪费设计的作业，那也是丹麦设计师大卫·安德尔森正在构思的一个系列。他来观看了展览且非常喜欢，并请我为他设计一个系列。在我为他工作期间，他的投资者注意到了我，并非常喜欢我的“零浪费”理念。他想和我一起创立一个新品牌，委任我来做品牌设计师。他坚持了三个月，才意识到百万富翁不是一蹴而就的。而我想忠实于自己的梦想，于是我们就分道扬镳了，随后，我就把我做的系列设计带回来，自己独立完成。

这就是斯塔贝尔品牌的由来。开启自己的品牌并非如公园散步般轻松，所以为了能够在这条道路上继续走下去，我现在正在为一个新的挪威可持续品牌“启蒙时代”做零浪费设计。

+ 设计零浪费服装有哪些令人感到惊喜的事情？设计零浪费服装面临哪些挑战？你又是如何克服这些挑战的？

我喜欢设计零浪费服装，是因为总会遇到一些挑战，例如如何通过计算获得合适的比例，这是零浪费服装设计方法中最有趣的地方，也是最能体现创造力的部分，而且当我将所有这些都加到一起时，那是一种令人兴奋的感觉！

+ 零浪费理念是斯塔贝尔品牌不可或缺的一部分。你是否与你的客户分享这个理念，客户又是如何回应的？

是的，我当然与我的客户分享了这个理念，他们都非常喜欢！因为我所有的纸样都是用矩形做出来的，他们觉得很不可思议，并且非常惊讶于我可以将这一概念融入服装设计中。这一概念与纯净的斯堪的纳维亚设计美学相得益彰，而且我的客户也非常喜欢这种设计与可持续性“二者兼而有之”的设计。

+ 你认为零浪费时装设计是否有机会在时尚行业被广泛采纳？

我非常希望可以在时尚行业内看到更多的“零浪费”设计，我已经尝试了一个非常简单的概念（所有的纸样都是由矩形构成的）——使客户和工厂都更容易理解。我一直在想“分享就是关心”，我也在考虑让我的设计变得更具有可穿性，同时对于其他人来说也更易获得。我们谈论的是通过启蒙时代的设计分享来实现这个想法——正如特斯拉（Tesla）分享他们的专利一样。我也在考虑 DIY 制作的零浪费服装——只用矩形并将它们以各种方式连在一起，简单易懂。我认为这是与他们分享和合作的唯一途径，这也有助于零浪费设计在时尚行业中被广泛接受。

快捷路径

1 有时，当我们观察历史服装时会经常忽略它们产生和穿着的背景。你能否指出，随着时间的推移，哪些社会、经济或技术的变化可能会影响到零浪费时装设计实践的流行？

2 为什么零浪费时装设计会在此时此刻复兴呢？

3 从你自己的实践来看，围绕着你们学校的课程以及行业局面，推断一下零浪费时装设计可能存在的机遇和阻碍。

第二章

将纸样裁剪作为时装设计的工具

零浪费时装设计的纸样裁剪是一种极富创造力的行为：它就是时装设计。设计理念是在纸样裁剪的过程中产生的，而不是一开始就反映在纸样和裁剪上的。本章建构了创造性的纸样裁剪的框架，将它作为零浪费时装设计的基础要素之一。世界各地的专业制版师演示说明了纸样裁剪也可以具有探索性，甚至是具有趣味的。常规的设计过程以纸样设计作为最终步骤，而零浪费时装设计则是从纸样设计着手的。

时装设计和纸样裁剪

传统上，纸样裁剪技术是被当作一种特殊的技术来撰写和教授的，人们总是把它独立于设计过程之外。人们常常认为纸样设计与时装设计是有区别的，制版师也不参与服装的设计。由于他们并不能从设计师的角度设身处地地思考，在合作中设定了局限性。然而，制版师也许对一件服装的创作设计过程中的面料浪费的数量是有感觉的，但他们通常意识不到工厂在量产过程中浪费的总量，而时装设计师甚至连服装打样造成的浪费也不太可能看到。

与这种占主导地位的角色层次相比，纸样裁剪是零浪费时装设计不可或缺的一部分。零浪费时装设计中的纸样裁剪是一种具有创造力的行为，而非被动的行为。大多数的纸样裁剪是根据一个草图或一个理念来实施的，是设计的另一种表达方式。在零浪费时装设计中，这种情况也是存在的，但是并不经常；纸样设计可以成为获得设计理念的行为。对于零浪费时装设计而言，纸样设计必须是动态的、具有创造力的、可以获得创意的和开放的实践活动。传统的服装设计和纸样设计的分离对零浪费时装设计而言是一个巨大的挑战，尤其是对于较大规模的大生产和成衣公司，而且，它所强调的诸如面料浪费等问题，时装设计还将面临较大的差距。

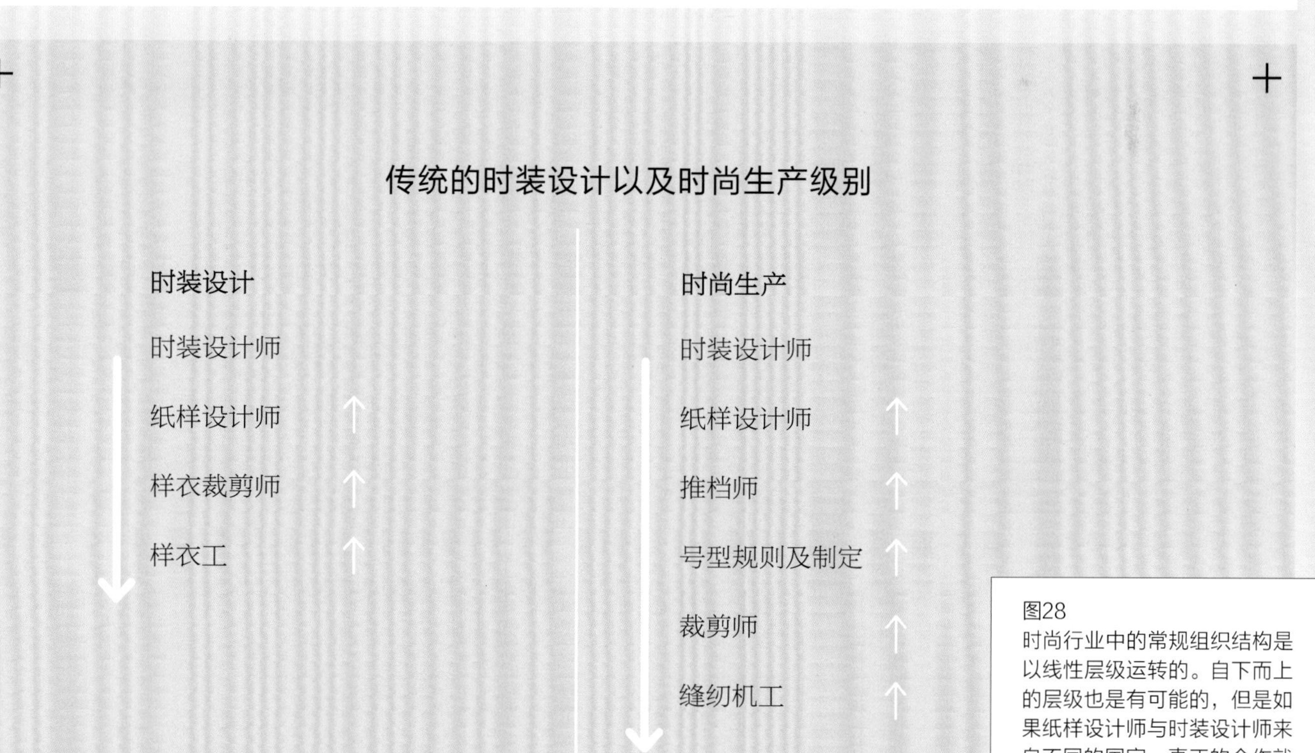

图28
时尚行业中的常规组织结构是以线性层级运转的。自下而上的层级也是有可能的，但是如果纸样设计师与时装设计师来自不同的国家，真正的合作就很困难。

赫利 · 麦奎伦，提姆 · 里萨宁供稿

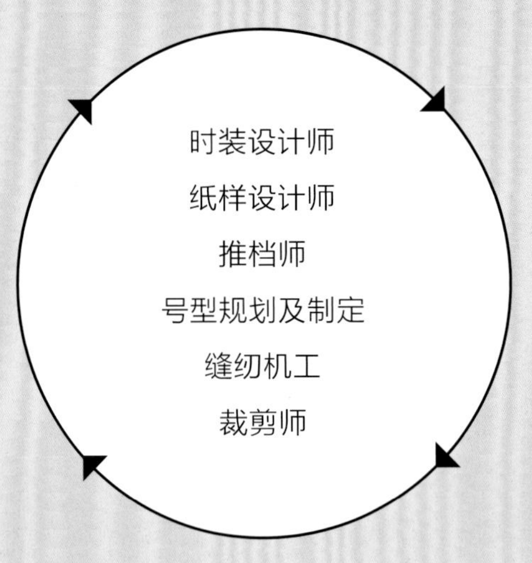

29

图29
在零浪费时装设计中，无层级的组织结构是更为可取的。促成成功设计的所有要素相互影响和相互作用。

赫利·麦奎伦，提姆·里萨宁供稿

到目前为止，这种角色的安排受到了一些研究人员的关注，包括那些关注零浪费时装设计的研究人员。如果说，其中的关键要素之一——消除面料浪费在于重新审视时装设计师和纸样设计师的相互影响，那么对这种重新审视存在的潜在阻碍以及解决这些阻碍的办法，也都需要考虑。

这一点也会影响我们如何看待时装设计教育。历史上，时装设计教育的重点一直是教授素描和绘画技能，而纸样设计、裁剪和缝纫技能等则或多或少独立于设计或从属于它。毫无疑问，大多数纸样设计书籍为时装设计的学生提供了技术支持，其目标受众是时装设计的学生。然而，他们中的许多人的问题在于，纸样设计通常以一种僵化呆板的工艺流程来呈现。由此推论，时装设计的学生倾向于把纸样设计看作是一种“接近”创意的行为，而不是一个发现与思考过程的结束。

时装设计师和纸样设计师的作用被分离和专业化，其目的是希望达成更高的产量。但这个对于解决可持续性的问题来说，就会带来阻碍并会错失机会，例如面料浪费，常常需要整体的分析与研究。重新配置时装设计系统中各要素的地位与作用，消除其中的层级关系，看来需要在教育与行业中处于引领地位的设计元素都需要更大程度的整合，这一点是值得投入研究的，它会带来不可预期的好处，如果还有一些新的、无等级的要素之间的相互影响，也会对此带来影响。

创意纸样设计

时装设计中的创意纸样设计并不是个新鲜事儿。历史上很多时装设计师，如玛德莲恩·维奥内特、克里斯托瓦尔·巴伦夏伽（Cristobal Balenciaga）和查理斯·詹姆斯（Charles James）等，最初都是通过在人台上披挂面料立体裁剪来进行设计的。科尔克（Kirke）曾经讲述了有关维奥内特学习的故事，她在12岁时就成为了一名女缝纫师。巴伦夏伽（Balencidga）也曾经作为一名缝纫师来接受培训。从每一位设计师身上，我们很容易看到，技术专长是如何培养创造性思维的，反过来，创造力又推动技术实施，带来裁剪和制作服装的新方法。本章会回顾一些当代的研究学者和从业者，旨在说明设计方法的多样性。

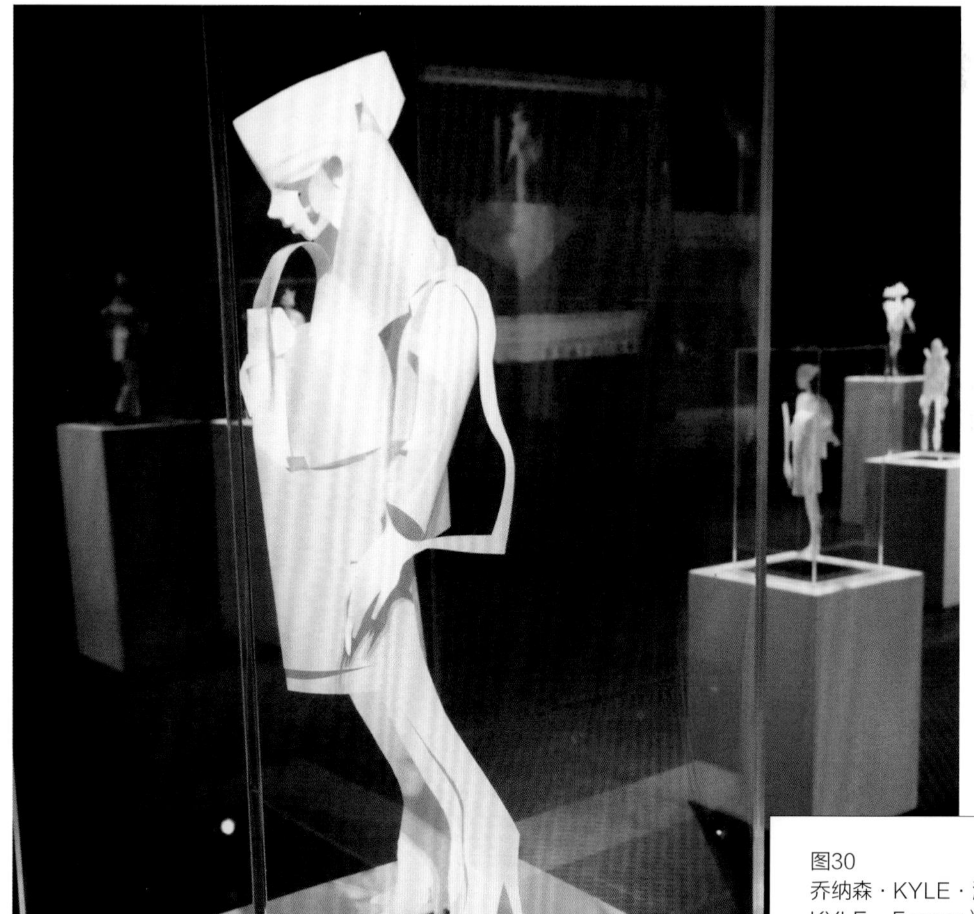

30

图30
乔纳森·KYLE·法默尔（Jonathen KYLE Farmer）在他的“用剪刀绘画”项目中提到，将时装设计与纸样设计保持平等的地位。他通过将纸剪切成着装人体来“作画”，是一种自然而然的纸样裁剪方式。

乔纳森·KYLE·法默尔供稿

图31A
提姆·里萨宁用他祖母20世纪40年代时的床单设计了这身睡衣裤，他要将自己所有的面料都用上。

服装：提姆·里萨宁
摄影：马里亚诺·加西亚（Mariano Garcia）

31A

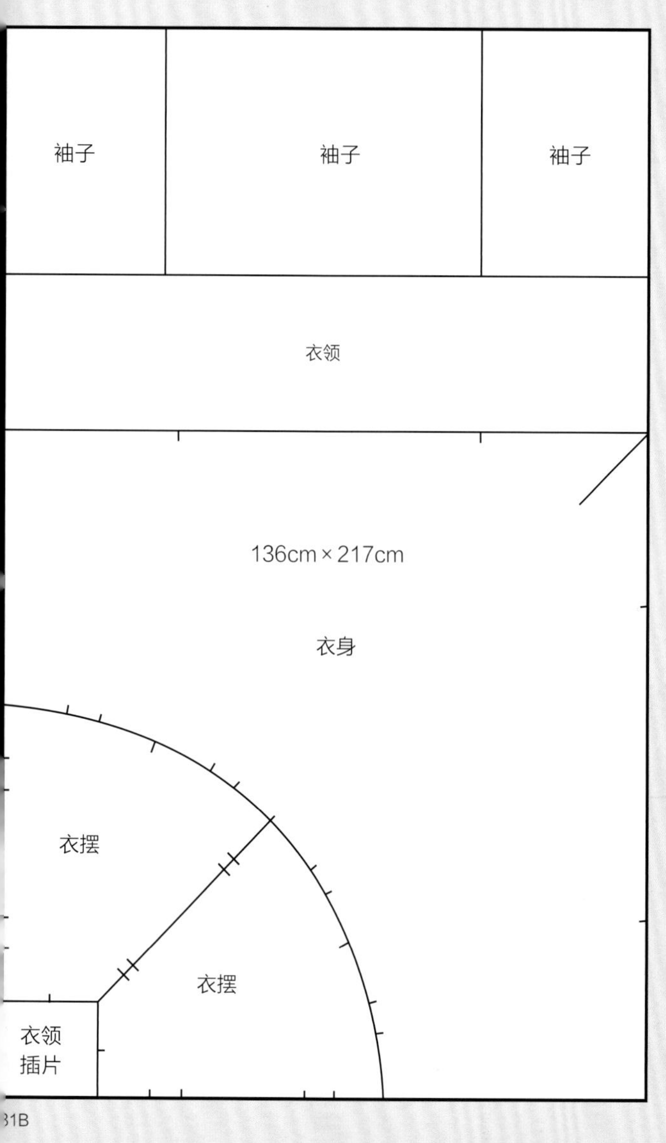

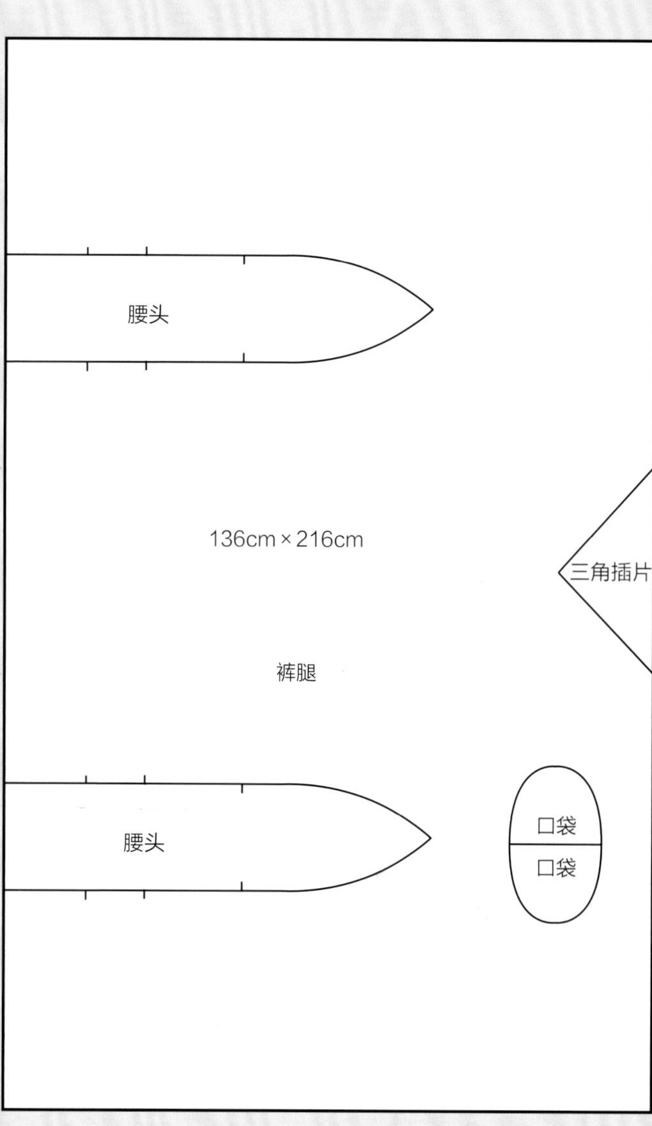

图31B
睡衣的上衣是以一个1/4圆为裁片裁剪的，后中心线是斜丝缕，前中心线是直丝缕和横丝缕，裤子的裁剪方式是以朱利安·罗伯茨（Julian Roberts）的草图来设计的，借鉴了塔亚特（Thayaht）的三角形插片。

提姆·里萨宁供稿

自从20世纪70年代以来，三宅一生（Issey Miyake）、川久保玲（Rei Kawakubo）的Comme Des Garcons（法语，意为“像男孩子一样”）、山本耀司（Yohji Yamamoto）以及其他日本设计师以具有强大支撑作用的创造性裁剪方式引领世界时尚。他们通过自己的作品不断地向西方的纸样设计和裁剪方式提出挑战。2005年，中道友子（Nakamichi）开始通过*Pattern Magic*系列丛书，以文字的方式挑战传统的纸样设计。

2013年，凯文·阿尔蒙德（Kevin Almond）博士召集了一个题为创造性裁剪的会议，主要探讨了创造性纸样设计。会议是在阿尔蒙德在2010年所发表的同名论文的基础上召开的，这也许是第一个“国际性学者的集会”。在这次会议上，专家学者们认同了纸样设计可以是一种具有创造力的行为，并且使其成为了学术研究的主题。作为一个可以有所发展和延伸的领域，还需要通过严格的探究来汲取营养。纸样设计研究被维尼弗里德·阿尔德里希博士推到了前沿。

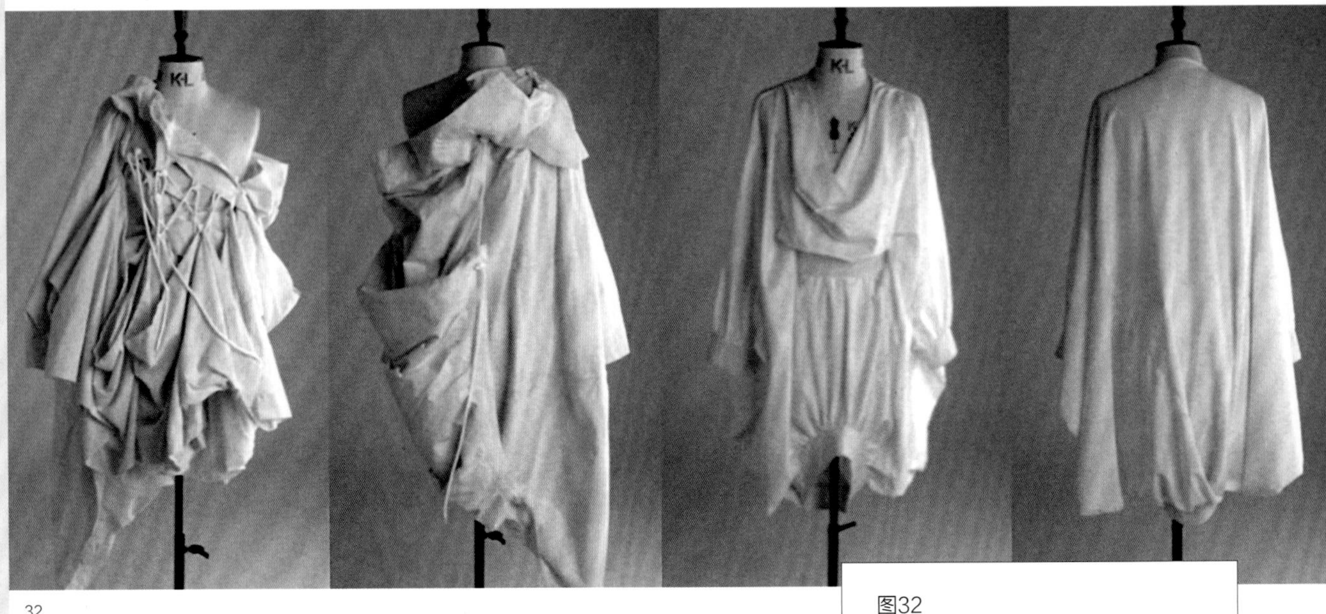

32

图32
由哈德斯菲尔德（Huddersfield）大学的学生，科丽·考戴尔（Keri Cowdell）(左)、蕾切尔·维克尔斯（Rachel Vickers）（右）设计的白坯布服装。纸样裁剪的创造性潜力在大学被强调，并被学生利用，正如图中所展示的。

摄影：凯文·阿尔蒙德

访谈：维尼弗里德·阿尔德里希

维尼弗里德·阿尔德里希是一位英国设计师和学者，她也许是出版纸样裁剪方面的书籍最多的人了。她的 *Metric Pattern Cutting* 第一版出版于 1980 年。阿尔德里希是最早关注纺织品可持续设计的支持者，她在 1996 年出版的 *Fabrics and Flat Pattern Cutting* 一书中，从生态学角度探讨了纤维问题。

+ 您一直在书中将时装设计与纸样裁剪相联系。您认为时装设计与纸样裁剪之间的关系是怎样的呢？

作为一位以工业化生产为主的设计师、教师和研究者，我的工作和兴趣一直都围绕时装设计与纸样裁剪之间的密切联系进行。这也正是我特别针对工业化大生产环境提出的观点。成本、零售需求、面料研发以及生产的可行性等方面的限制带来的挑战，要求设计师必须具备纸样裁剪的技巧以及应对新创意的灵活方法。工业化大生产的纸样裁剪要求设计师将具有实验性的裁剪带到公司来，并延伸出一系列的纸样裁剪的知识和技巧。完全交给纸样设计师或者 CAD 技术员的纸样裁剪最终可以简化为在以往创意基础上的修改和重新再利用。时装设计开启的是一个更为广阔的领域，从设计师在一个工作室工作，到与定制领域的巨大人脉资源合作。正是这些领域催生了大量的新的时装设计哲学，由它们对艺术的、文化的或者社会的影响作出反应。这些理念可以带来具有革命意义的变革，并对服装的工业化生产带来冲击。然而，当面临成本或资源短缺的问题时，其他的影响因素也会相互竞争。

+ 您从很早时候起就开始关注环境问题。这一点是如何成为您的兴趣的呢？

面料在服装裁剪的实现中起到了很重要的作用。在研究中发现，面料性能在很大程度上能改变一个设计的造型和悬垂效果，我逐渐意识到许多面料需要经过复杂的工艺处理，尤其是在工业化生产中，许多基本款服装也是这样完成的。这种复杂性体现在经纱、织选和后整理等工艺流程中。这些面料的使用为那些关注生态的设计师制造了进退两难的境地，不断寻求变化的市场趋势和“用即废弃”的理念使得这个问题逐渐升级。

+ 我们将您视作时装设计与纸样裁剪方面的学术先驱。您在零浪费时装设计方面有怎样的思考？

自然资源的耗尽（以及通过全球变暖发生的人类灾难）最终都将会成为现实。然而，市场对于持续增长的生产的需求成为了生态保护的阻碍，只有从可持续时尚设计的角度改变设计哲学，才能攻克这些阻碍。面料通常是制造商的最大成本支出，对于环境保护来说也是一样的，因此可以减少加工工艺复杂的面料用量。在工业化大批量生产和减少浪费方面，必须慎重考虑制作服装所需的面料用量和服装号型。大众身不由己地渴望变化，并且要做出选择。一种新的设计哲学将会被大多数人所接受。标签上的信息减少将会使得这一点变得有些困难，许多网站只把“纺织品”列入服装清单。设计师现在肩负着教育者的责任，以这种方式带来改变。

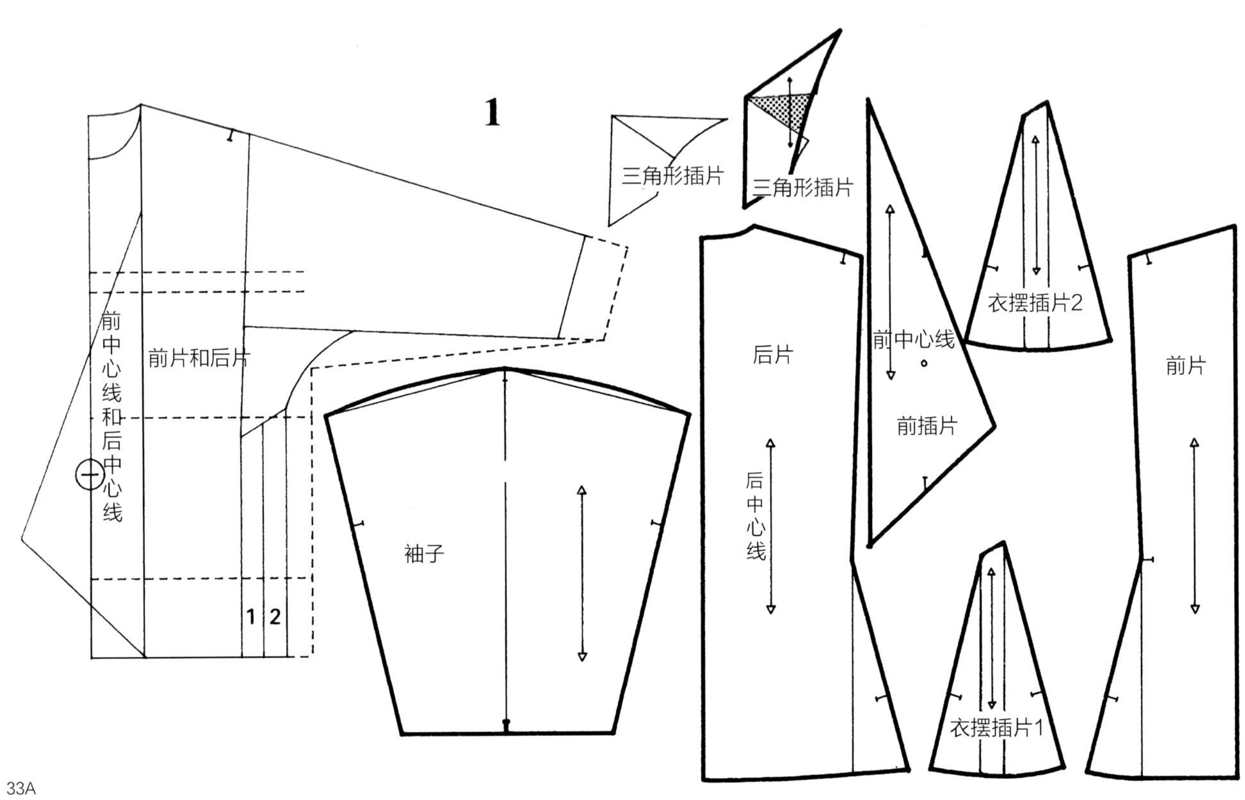

33A

图33A和33B
这件由维尼弗里德·阿尔德里希设计的外套也采用了一些零浪费的设计理念，不过它不完全是零浪费裁剪，因为设计师运用了一定数量的插角片来塑型。

服装：维尼弗里德·阿尔德里希、约翰·威利和桑斯有限公司

33B

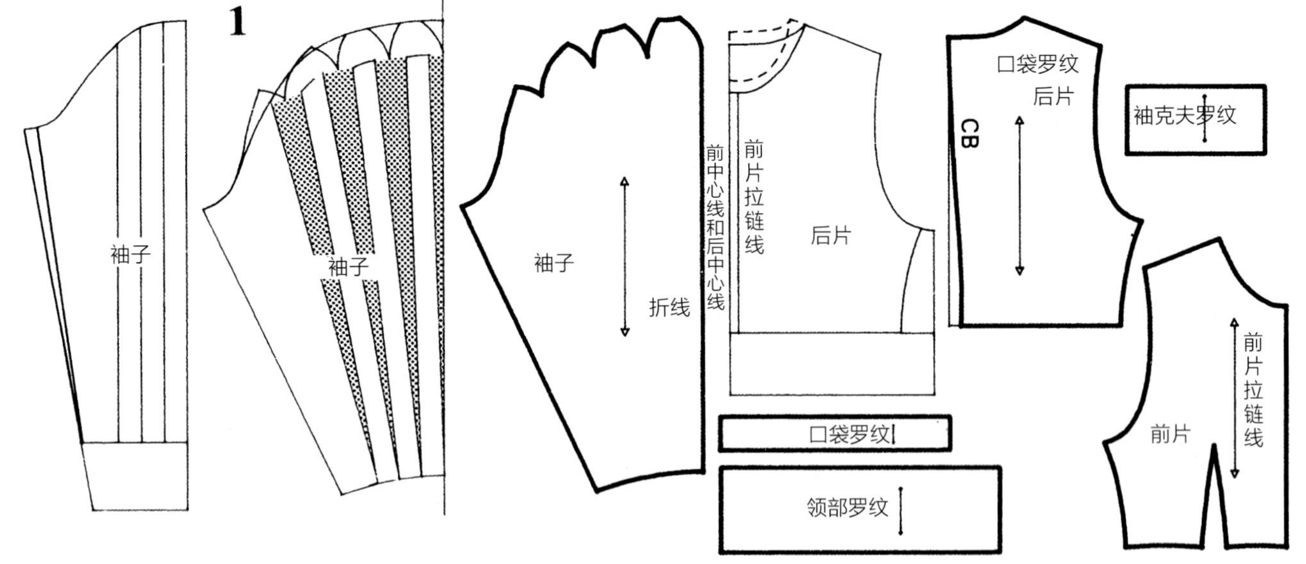
1
袖子
袖子
袖子
折线
前中心线和后中心线
前片拉链线
后片
口袋罗纹
后片
CB
袖克夫罗纹
口袋罗纹
领部罗纹
前片
前片拉链线

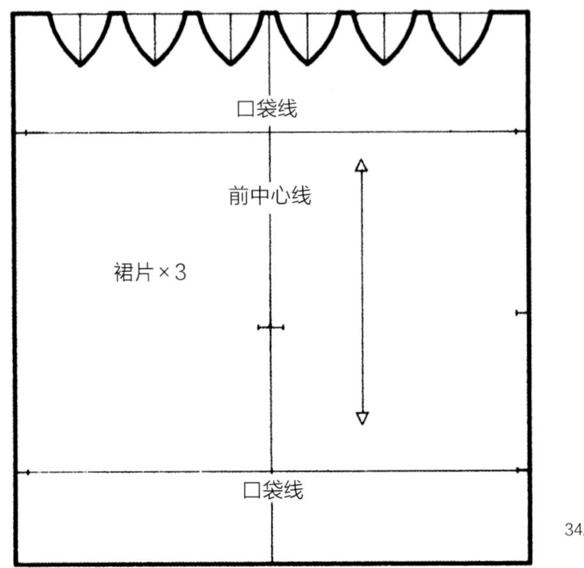
口袋线
前中心线
裙片×3
口袋线

34A

34B

图34A和34B
这件由维尼弗里德·阿尔德里希设计的大衣可以通过无数种不同的方式实现零浪费。例如，全成型罗纹衣片（以针织方式塑型）可以取代弯弯曲曲的弧线，用来塑造服装的造型。裙片和口袋开口可以设计到袖子裁片剪下来的位置。不断地关注纸样、研究其设计的潜力，正是零浪费时装设计的核心内容。

服装：维尼弗里德·阿尔德里希、约翰·威利与桑斯有限公司

访谈：里卡德·林德奎斯特

里卡德·林德奎斯特（Rickard Lindqvist）是一位拥有瑞典纺织学院博士学位的瑞典时装设计师和纸样裁剪师。他的博士学位课题研究正是在对时装设计中居于主导地位的纸样裁剪的基本方法进行批判性分析的基础上发展而来的。通过源于实践的研究，他提出了另一种可供选择的方法，以鲜活的、动态的人体作为动态的基础。林德奎斯特曾经受训为一名裁剪师，为维维安·韦斯特伍德（Vivienne Westwood）工作，这些经验对于他的基础研究很有帮助。

+ 您怎样描述时装设计与纸样裁剪之间的关系？

纸样裁剪是一项构成时装设计的活动。从制作的角度来看，可以假想一下，当我们创作一款连衣裙时，会面临很多造型、材料以及色彩等方面的参数。然而对于不同类型的服装而言，纸样设计强调的是造型。在我所工作过的工业的、教育的和艺术的环境中，纸样设计在材料拓展和色彩拓展的设计过程中，总是起到至关重要的作用。

我认为，在企业中，纸样裁剪被认为是一项由加工商或者分包商提供的服务，而并非被看作设计过程中最初的设计内容。我想，造成这种现象的原因一部分来自市场对于现代服装确定造型的商业化需求，这一点与当今通用的具有主导地位的原型裁剪相关，以下内容将进行详细说明。

图35
里卡德·林德奎斯特绘制的原型裁剪工艺，是一种占主导地位的、近似人体衣身结构的纸样裁剪法。里卡德·林德奎斯特的博士学位研究探索了有别于占主导地位的原型裁剪法的另一种方法。图中所展示的原型裁剪法被用于大多数的定制服装的裁剪中。

里卡德·林德奎斯特供稿

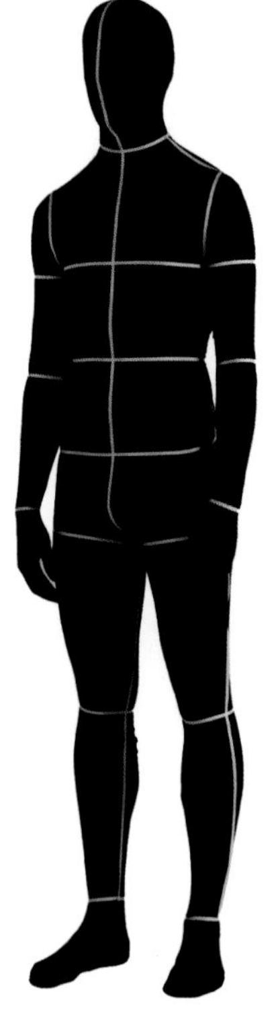

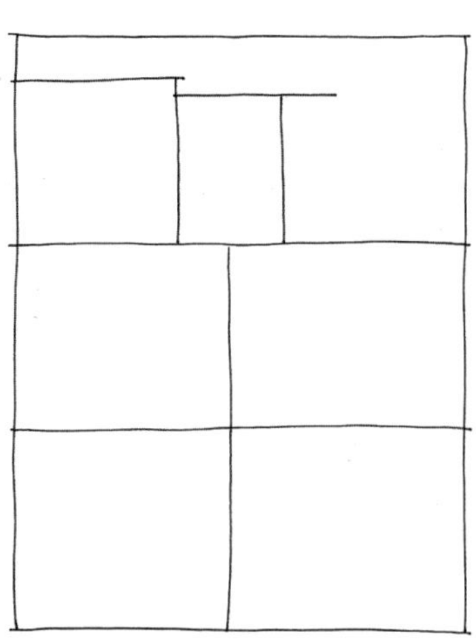

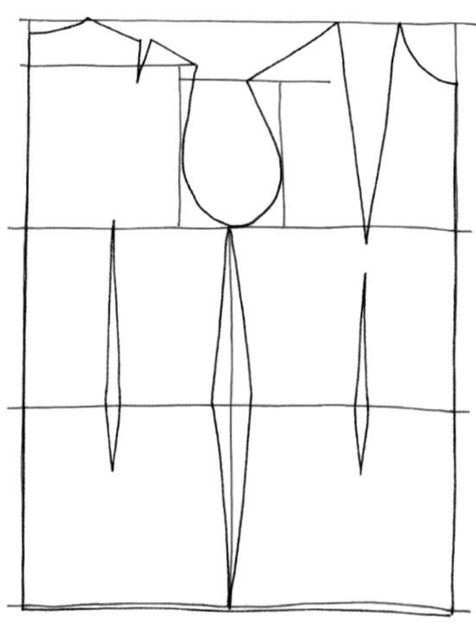

35

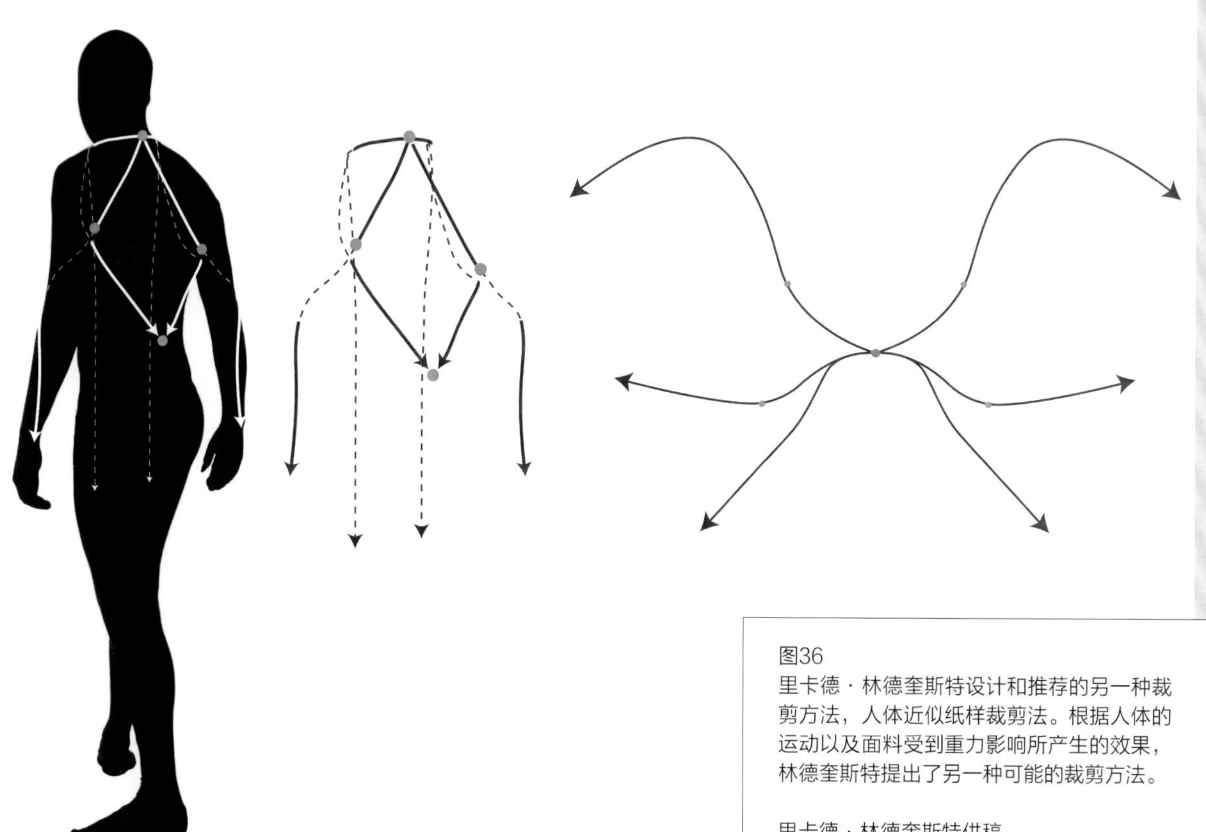

36

图36
里卡德·林德奎斯特设计和推荐的另一种裁剪方法，人体近似纸样裁剪法。根据人体的运动以及面料受到重力影响所产生的效果，林德奎斯特提出了另一种可能的裁剪方法。

里卡德·林德奎斯特供稿

+ 您如何描述迄今为止您所做的工作——它是否可以取代 / 增加 / 改善一套纸样裁剪的方式 / 体系或者其他？

我根据实际运动的人体与所服用的面料之间的相互关系，发展出了一套别具一格的纸样裁剪理论（体系）。这套理论可以和普遍使用的纸样裁剪体系形成对比，因为后者是基于静态人体直立站姿的测量数据获得的。因此，主要的理论贡献在于通过人体上一系列的方向线条和生物力学的关键点，可以获得另一种可视化的近似人体。

该理论是通过实实在在的实验发展而来的（在一个真人模特上用面料进行立体裁剪）。通过这些实验，建立起了最初的设想。随后，又进行了一系列的设计案例，其目的在于进一步加深研究和完善理论，最终一切都得到了验证（也就是说，运用这种理论作为基础进行裁剪，可以创造出具有功能性和表现力的服装）。

这一工作的主要目的在于发现目前普遍采用的纸样裁剪理论中的水平线和垂直线与实际的人体和所服用的面料毫无关系。发展一套新理论，挑战居于主导地位的理论的关键点在于，展示出对于设计实践具有可供选择的主张和基础，这些有望能发展出服装的新功能和新的表达方式。

到目前为止，该理论主要用来在立体裁剪实践过程中作为引导线，并且将动态人体和服装的相互影响以一种普遍意义上的理解创造出来。围绕这一理论可能进行的进一步发展（研究）也许在于推陈出新，例如发展出新型的推档原理、新种类的平面制版原理、加工生产体制等。

+ 您将纸样作为一种设计工具使用，可以“最终变为趣味纸样”而并非“人体的表达”。但是，“人体的表达”难道不是一个客观的概念吗？谁的身体？表达什么？服装的表达是什么？一些零浪费设计师运用矩形来进行设计，“面料中的抽象人体实际上也是对人体的一种表达”。您对于人体、面料和服装的关系如何理解？

这可能不太好说清楚啊。有时，我发现的问题是：设计师对于纸样裁剪技术太过关注，以至于原本应该关注的焦点问题——

人体及其与服装的关系（人体的延伸表达）却被忽视了。这与服装组成部分的形状或服装的宽松或贴体程度无关，相反，该理论强调的是设计师在设计过程中应该将决定性的视觉效果和判断集中在哪里。我经历过这样的情形，学生和年轻设计师非常关注某种技术概念，以至于他们认为这个概念的目标实现时，就说明他们的设计已经成功了，但是他们却忽视了人造物与人体之间的关系。

+ 您的颇具创新的、以三维立体方式看待人体服装的观点，也在很大程度上拓展了零浪费时尚的空间，您的方法将会对那些想采用零浪费方法表达人体的设计师提供怎样的帮助呢？

无论一个人如何处理时装企业的废弃物，我真心希望我的研究可以帮助设计师更好地理解人体和服装之间的相互关系。我所做的研究并非只是用一种面料裁剪一件服装那么简单，我的图稿已经表明，我的研究是为纸样设计提出一个可供选择的理论框架。“一片式”纸样可以被看作是明确阐述设计问题的“美丽的证明”。

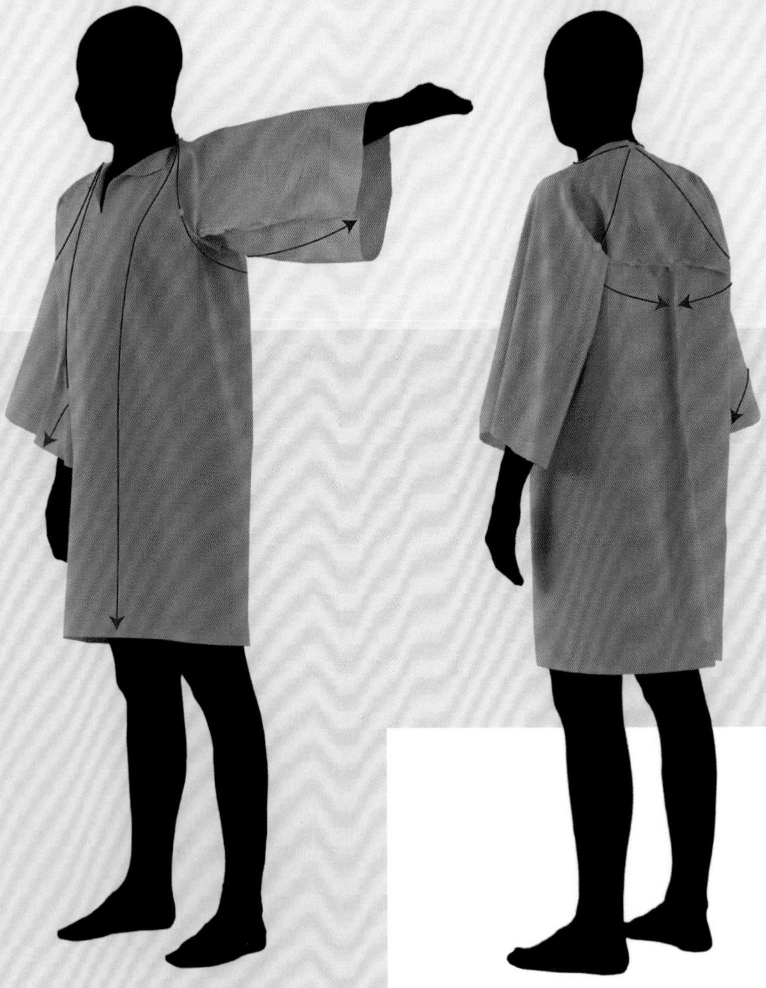

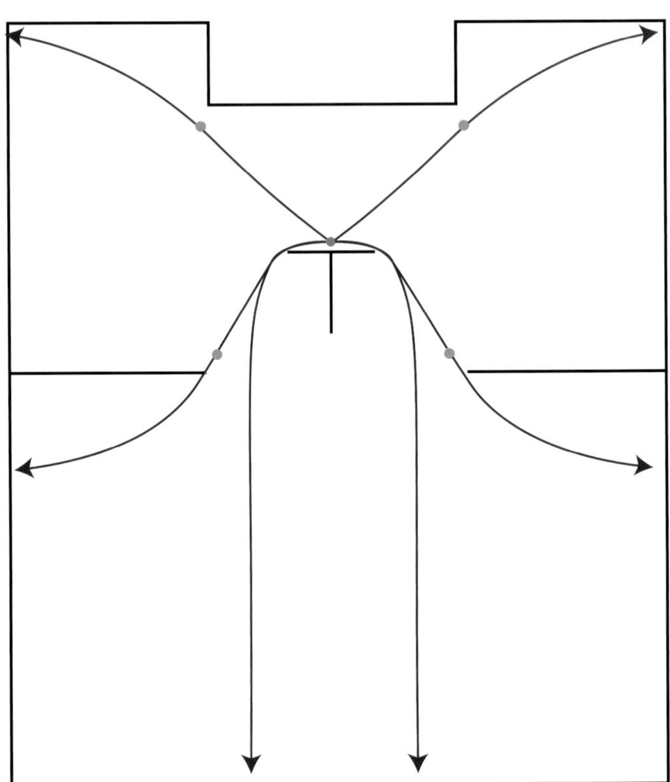

图37
里卡德·林德奎斯特将他提出的可供选择的近似法应用于矩形来裁制服装。这款简洁的用矩形裁制的服装展示出可供选择的模型的应用。这种纸样也很容易实现零浪费。

里卡德·林德奎斯特供稿

37

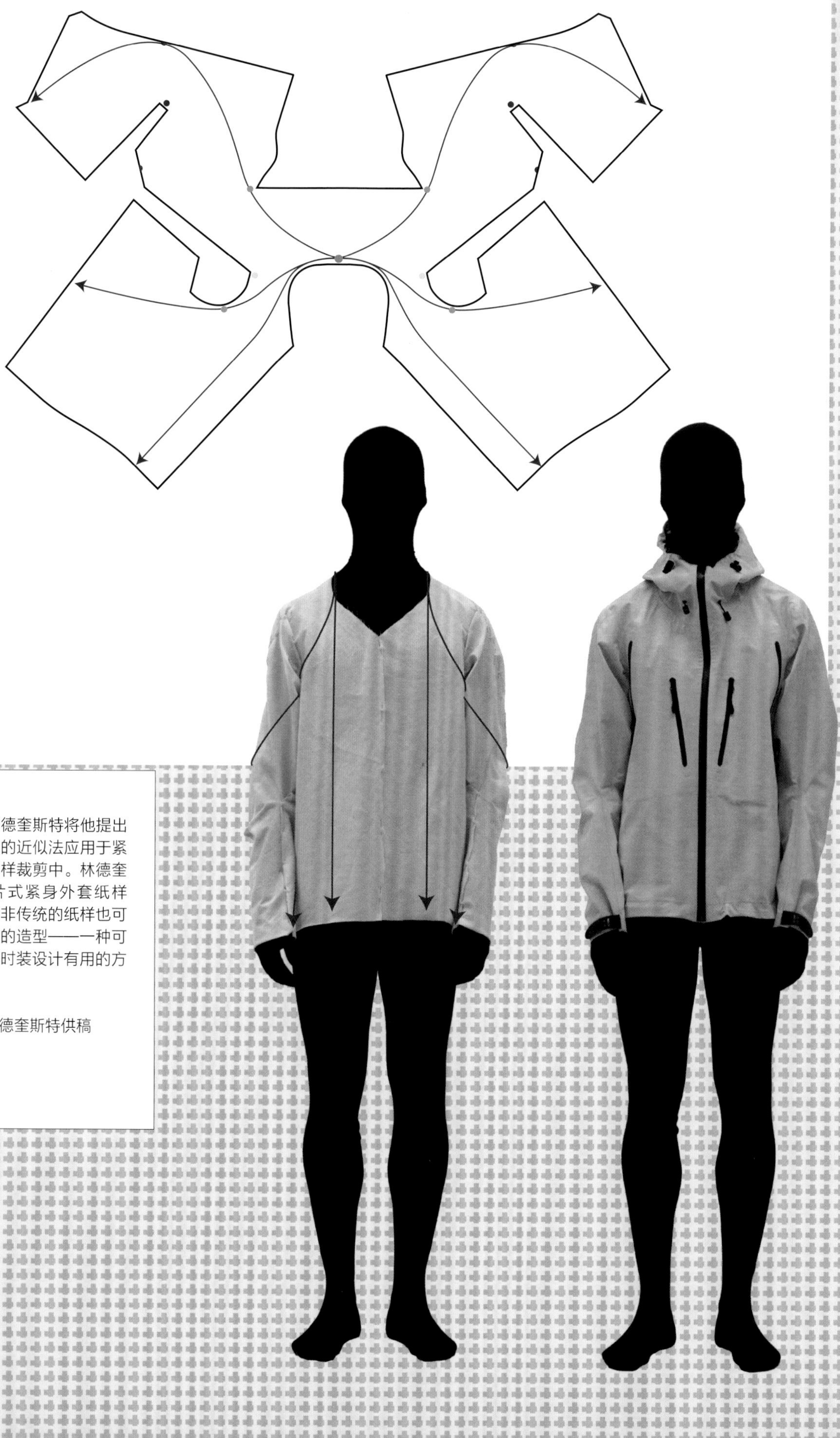

38

图38
里卡德·林德奎斯特将他提出的可供选择的近似法应用于紧身外套的纸样裁剪中。林德奎斯特的一片式紧身外套纸样设计表明，非传统的纸样也可以带来传统的造型——一种可以对零浪费时装设计有用的方法。

里卡德·林德奎斯特供稿

世界各地的创意纸样裁剪师

瑞典时装设计师和研究者里卡德·林德奎斯特表示，无论获得纸样的方法是平面裁剪还是立体裁剪，标准的定制模型都是建立在西方服装结构基础之上的。有关服装与人体关系的大多数假设都是以此为基础建立的。他说，该系统本身并没有内在的真实性，“它与人体的生物动力学和面料也没有任何联系”。

林德奎斯特2013年发表的论文《有关纸样裁剪的逻辑》以用远古缠裹法装扮人体的方法为基础，并且进一步探索了吉纳维芙·塞万-德林（Genevieve Sevin-Doering）的作品。根据塞万-德林的作品，从侧缝或者肩部将人体一分为二是没有意义的。林德奎斯特的作品探索了人体及其运动规律，并将这种理解以不同于常规定制服装纸样的裁制方法进行应用，提出了一种可供选择的模型，其目的在于展示服装的全新的表达方式及功能。常规裁剪的构架，或者模型，可以被想象成沿着身体垂落和流动的线条。这包含人体动态和张力的旋转轴点和力矩，例如颈部、肘部的前后、膝盖的前后、前片袖窿、肩颈点、或者后腰和臀部。

值得注意的是，林德奎斯特的模型主要针对于男装设计，对于女装而言可能还需要其他的点，例如胸高点。所有过程都是以身体为引导而获得的，并非从零浪费服装的角度来研究的（面料的运用并不在考虑范围内），但是该方法以一种新的方式提供了一种有价值的思路来看待服装、纸样以及人体造型之间的关系。

香取佐藤（Shingo Sato）是一位日本设计师和时装设计教育工作者，以变形重构而闻名，即在人台上绘制纸样并裁剪的纸样和服装设计过程。佐藤用自己的裁制方法制作了一个坯布原型，他将它放在人台上，并在其上画出造型线。接下来，他将坯布沿着造型线剪切下来，最后将平面裁片转化为纸样。正如法萨内拉（Fasannella）指出的那样，对于一个经验丰富的裁剪师而言，这就是简单的省道转移。但是，作为一个初学者，例如学习时装设计的学生，这是一种很高效的学习方法，可以通过学习缝纫来进行服装的创新。佐藤开设的工作坊课程遍及世界各地的时尚学校，有力地证明了这一点。

39

图 39
香取佐藤在制作一件变形重构服装。佐藤的作品探索了运用复杂的缝份位置设定来实现廓形。

香取佐藤供稿

40

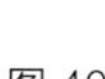

图 40
由香取佐藤设计的变形重构的服装。纸样裁剪的创意方法对于零浪费时装设计而言是至关重要的，其目的在于在创造美丽的服装的同时消除面料的浪费。要想实现这一点，向佐藤这样的创意裁剪师学习是很必要的。

香取佐藤供稿

格雷格·克莱默（Greg Climer）是一位专注于创意裁剪的美国设计师和设计教育工作者。自从2013年开始，他一直在纽约帕森斯设计学院教授创意结构设计课程，该课程主要基于他在创意纸样裁剪和结构设计实践方面的研究而设立。开发这门课程是因为克莱默意识到，传统的纸样裁剪教学方法通常带来的是"已知"的设计。例如设置或者消除省道，或者将省道转移到拼缝中，学生通常会通过死记硬背的方式来学习。

克莱默（2013年）让学生将自己的身体作为教学工具。他将学生两人组成一组，让他们为彼此的脸部制作石膏模型。为了制作面具，学生沿着脸部的"沟沟壑壑"划线，直到获得了所有的线迹。面具被裁剪并平摊开来。学生面部的纸样结果是，伴随着眉毛、鼻子和嘴巴的凹凸起伏形成了省道和缝份。就像佐藤的方法一样，克莱默的练习方法打开了学生的思维，有效而快速地使学生了解了缝份和省道的设计潜力。

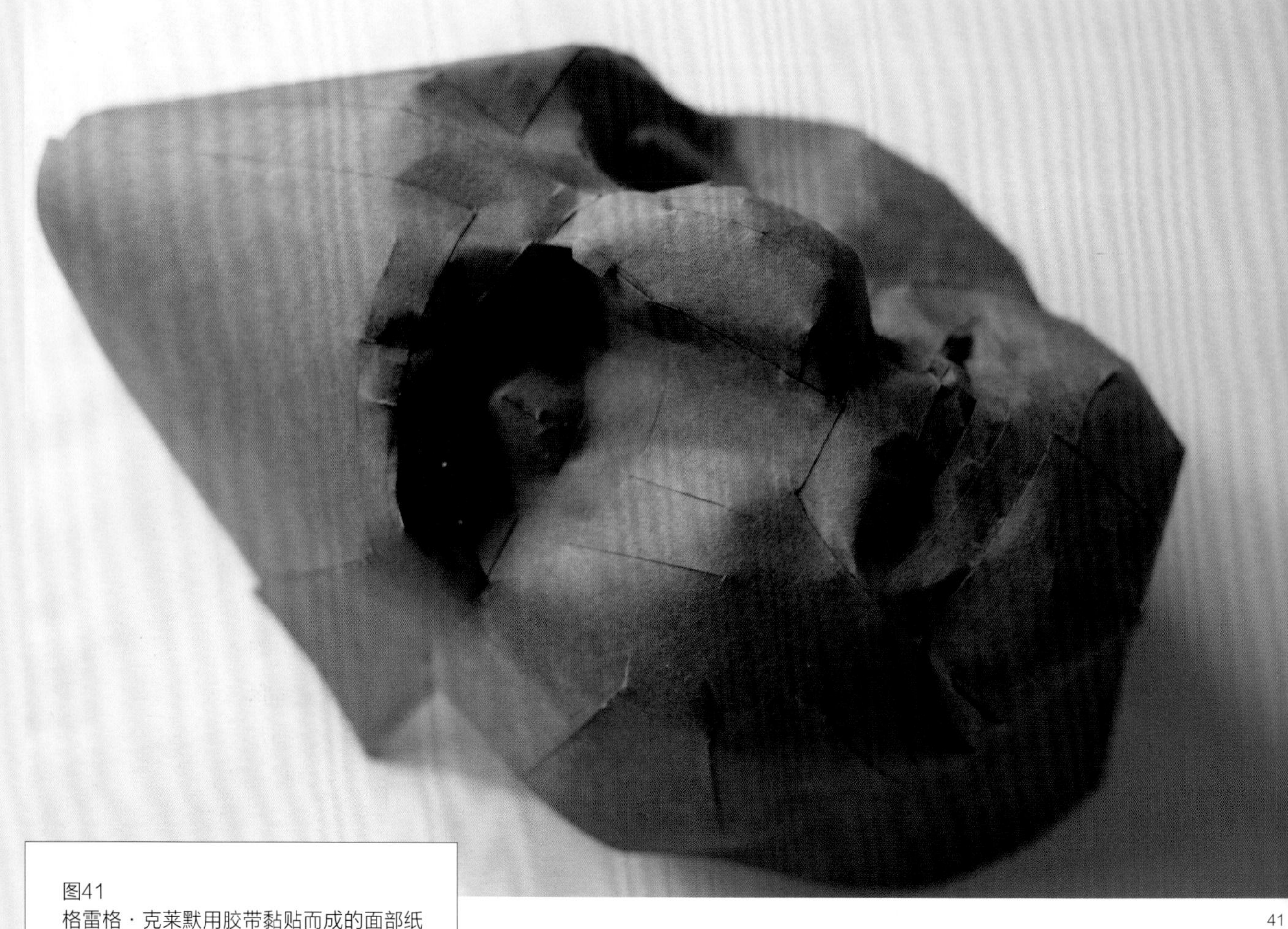

41

图41
格雷格·克莱默用胶带黏贴而成的面部纸样。将二维的纸样用胶带黏贴为三维模型，了解所有纸样裁剪的基本构成原理，对学生来说，这是一种快速而持久的学习体验。

格雷格·克莱默供稿

42

图42
格雷格·克莱默面部的平面纸样。这一练习可以使学生有效地理解省道和缝份从何而来。

格雷格·克莱默供稿

朱利安·罗伯茨是一位英国时装设计师和教育工作者，他曾获得女装本科学位和男装硕士学位。他是减法纸样裁剪技法的发明者，曾运用这种技法创作过 13 个系列并在伦敦时装周上展出，目前他在全球范围内教授这一技法。他认为，他在理解传统裁剪时遇到的困难，加上他对面料和几何图形的热爱，促使他自己发明了这种穿衣和裁剪方式。在减法裁剪中，纸样裁剪不是按照纸样的外部轮廓来进行裁剪的，而是代表衣服内部的负空间。这些服装由巨幅面料制成，衣服上有形状奇特的孔洞，人体可以穿过这些孔洞。这种方法中包含了冒险、发现偶然性以及可以快速裁剪的能力，并不需要非常精准的数字运算。他的方法为那些致力于探索零浪费时装设计的人们提供了许多的可能性，尤其对于传统服装结构对人体的分割及制作工艺（前片/后片、省道、肩缝/侧缝）也是一种消解，就像“塞子”一样，可以将任何造型插入任何一个洞，只要拼缝的长度一致。

图43
朱利安·罗伯茨用“塞子”技法设计的连衣裙的纸样裁剪过程。将一个三角形塞进一个具有一定造型的洞里。

朱利安·罗伯茨供稿

图44
罗伯茨在一次工作坊课程中讲授“塞子”和“位移”技法。

朱利安·罗伯茨供稿

45

图45
2014年，在朱利安·罗伯茨工作室陈列着减法裁剪的五种变形。在世界各地开设的“减法裁剪”的工作坊教学的间隙，罗伯茨返回他的工作坊，将他所学到的内容付诸实施。这也告诉我们，纸样裁剪和时装设计之间是一个持续不断、相互学习的过程。

朱利安·罗伯茨供稿

为了参加展览“生息”，罗伯茨围绕着零浪费时装设计发展出了减法裁剪。这件红白相间的零浪费减法裁剪的连衣裙用了 7m 两种对比色的面料组合而成，有至少五种穿着方法。因此，穿着者一次购买就可以获得多种穿着样式，这也是减少浪费的进一步表达。这款连衣裙展示了他对创意纸样裁剪的探索，虽然算不上完全没有浪费面料，但却可以在不违背这种方法的环保理念的基础上，大幅度地减少裁剪过程中所产生的浪费。他运用里布的纸样裁片作为减去的造型，从外部的服装中剪下来，这也意味着这些裁片的功能既可以塑型，又可以作为服装的后整理部分。服装的面料在人体上悬垂和缠裹，只有当面料穿在人体上时才能看出服装的造型。随着裁剪过程中连衣裙从前往后、从里到外、从平面到隆起的扭动和旋转，对比色的面料可以揭示出面料的扭曲和翻转。身体与服装的连接、所有者和购买的关系，对于罗伯茨来说是很重要的，为了拥有这样一条减法裁剪的连衣裙，你需要和设计师一起合作，才能创作出属于你自己的裙子。

46A

图46A
朱利安·罗伯茨采用零浪费减法裁剪制成的连衣裙可以穿出7种以上不同的穿着效果。由于受到展览方的邀请，运用零浪费的方法来设计连衣裙，罗伯茨想要创作一款穿着者可以自己制作的连衣裙。在这种情况下，减法裁剪和零浪费时装设计（或者从本质上，可以称为创意纸样设计）提供非穿着者体验个人定制设计的机会。

朱利安·罗伯茨供稿

图46B
朱利安·罗伯茨（Julian Roberts）创作的使用者可以改变造型的零浪费减法裁剪的连衣裙，7种不同的穿着方式之一。

服装：朱利安·罗伯茨
摄影：托马斯·麦奎伦

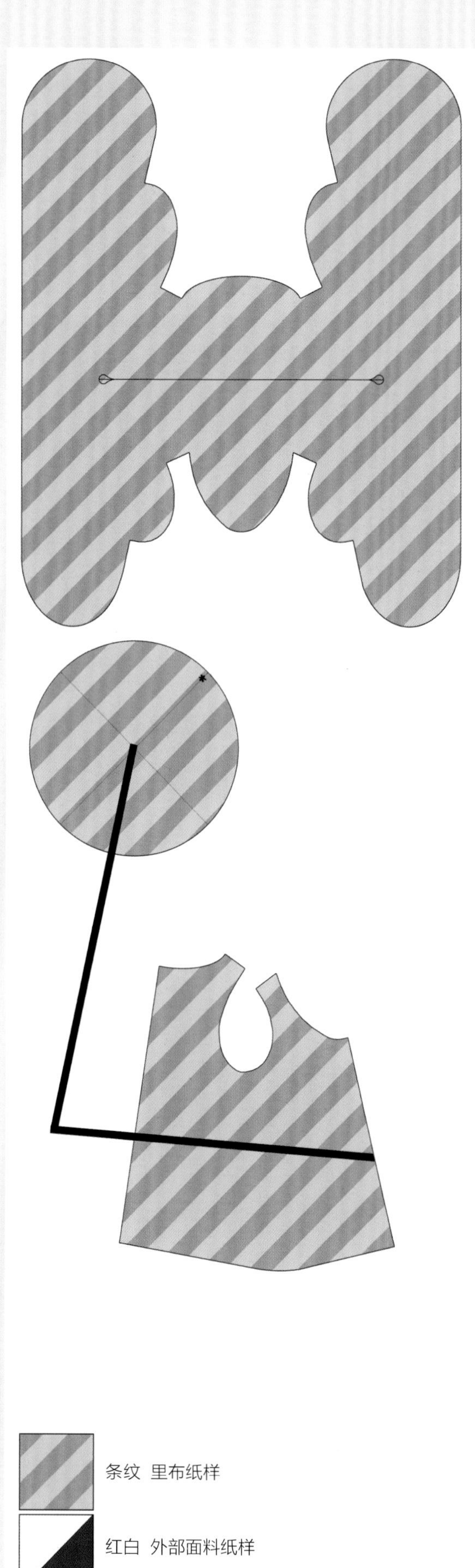

图47
裙子的减法裁剪纸样。箭头方向表明身体从服装穿过的部位。

朱利安 · 罗伯茨供稿

圆裁，2011年

在 2011 年，我们（麦奎伦、里萨宁和罗伯茨）一起合作完成了一个为期两周的研究项目，名为“圆裁”。我们的目标在于，看看我们在裁剪技法方面的专业知识组合如何揭示我们实践的新方法。重要的是，它揭示出了我们在工作方式上的显著差异，尽管我们的工作目标都是消除面料浪费。这表明，不只存在一种方法做到零浪费。反思经验是该项目的一个重要方面，目前该项目正在进行中。

图48
朱利安·罗伯茨裁剪出一个人体的“标尺”，这是从目标穿着者的身体获取的。

朱利安·罗伯茨供稿
提姆·里萨宁拍摄

48

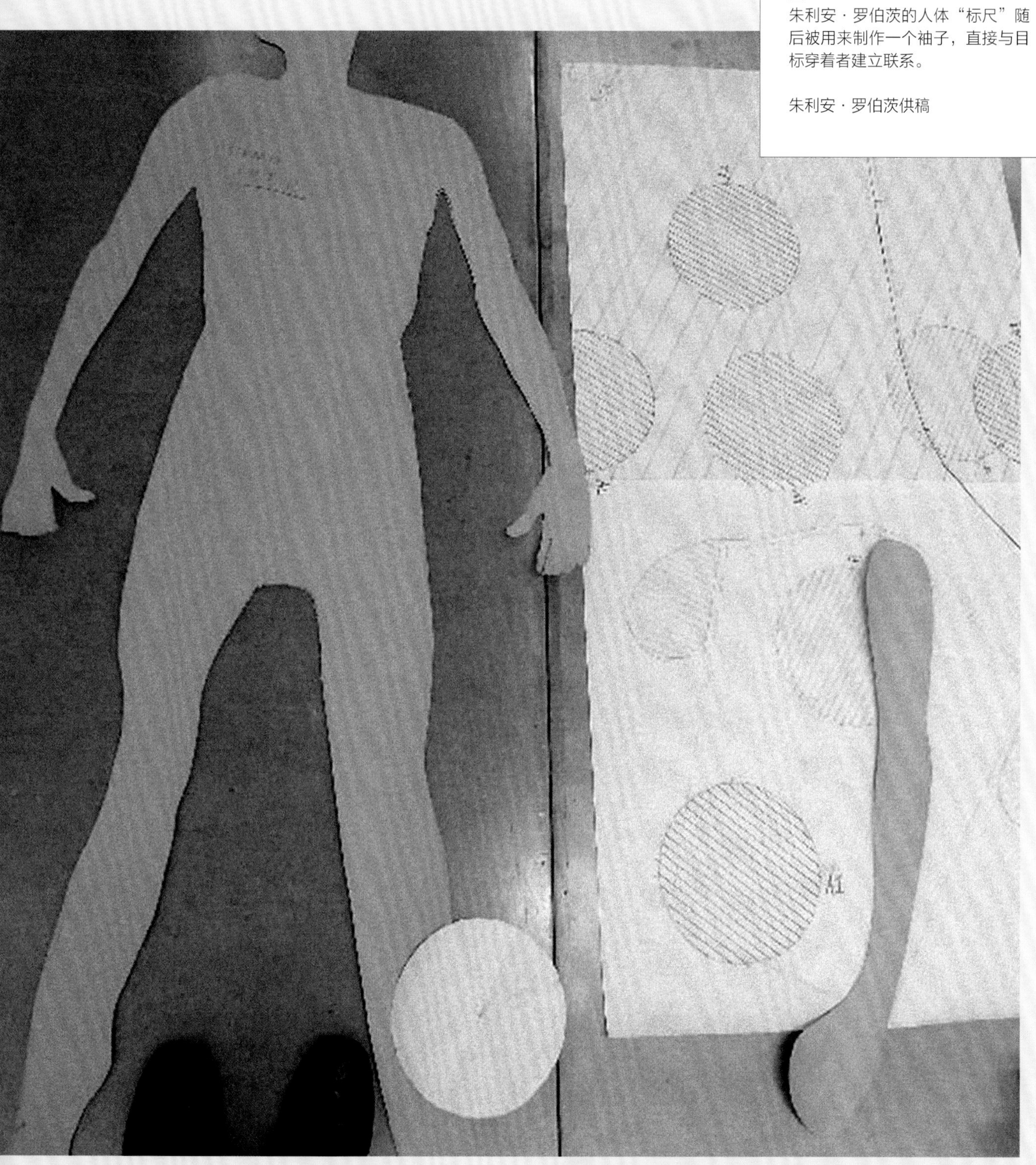

49

图49
朱利安·罗伯茨的人体“标尺”随后被用来制作一个袖子，直接与目标穿着者建立联系。

朱利安·罗伯茨供稿

图50
赫利·麦奎伦与朱利安·罗伯茨合作完成的衬衫，运用了人体“标尺”裁剪出来的袖子纸样。

纸样设计和拍摄：赫利·麦奎伦

50

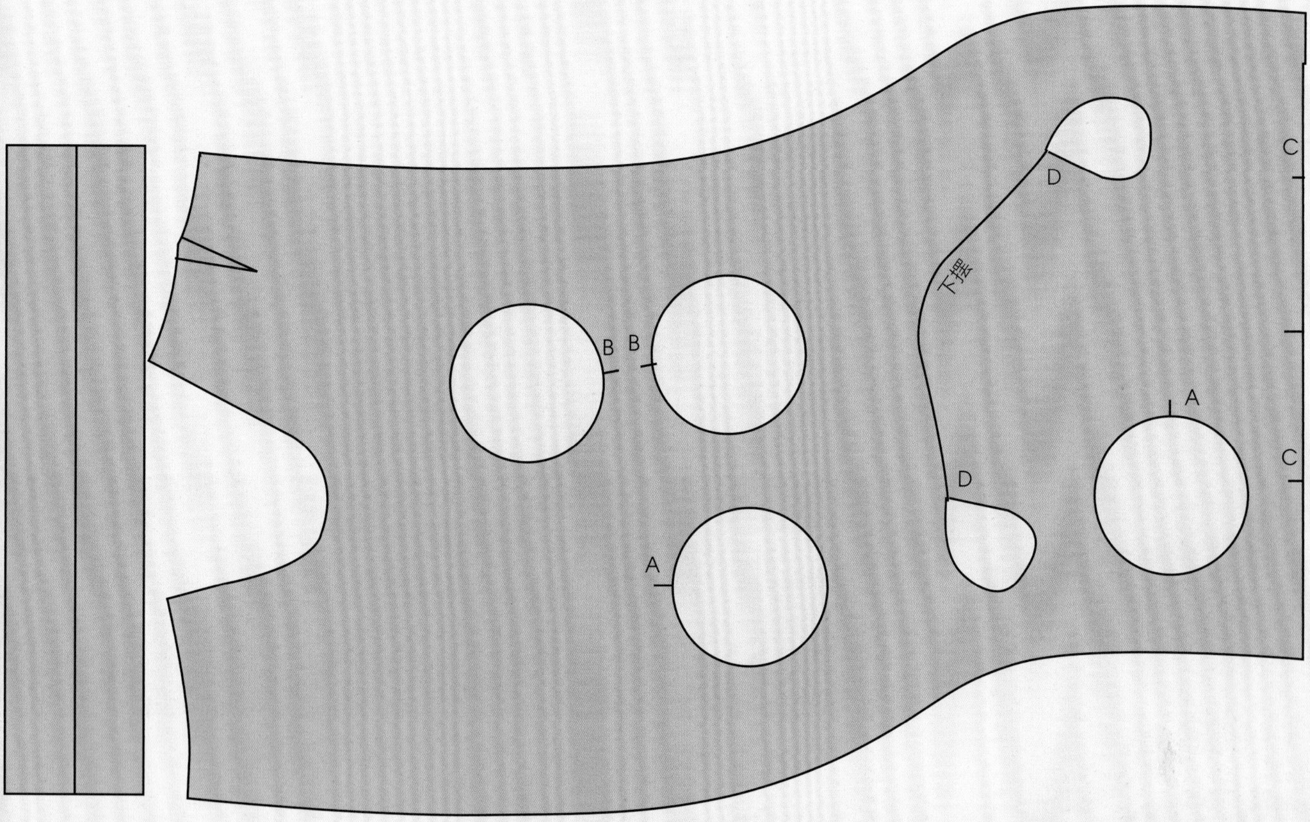

51

图51
用来为提姆·里萨宁制作“遗失行李的裤子”的袖子纸样，由朱利安·罗伯茨设计。

朱利安·罗伯茨供稿

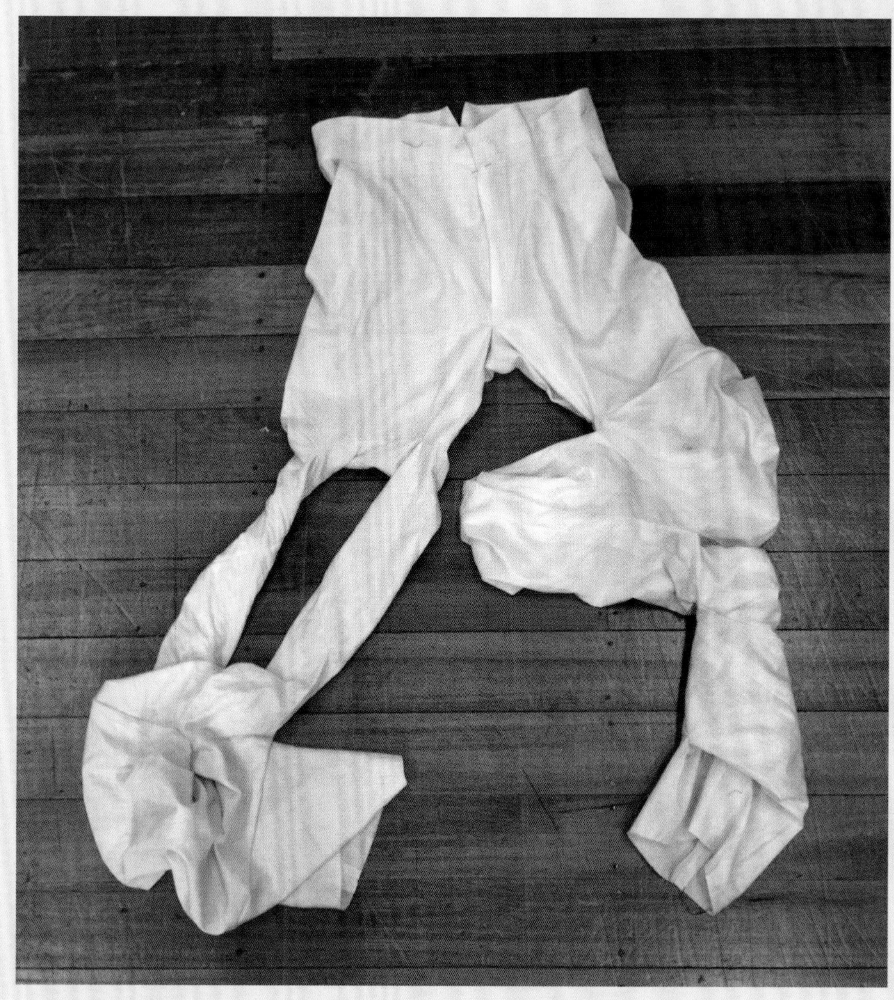

52

图52
“圆裁”项目开始的第二天，提姆·里萨宁用减法裁剪制作了裤子的第一件坯布样衣，这是一个失败的样品。

朱利安·罗伯茨供稿
提姆·里萨宁拍摄

图53
大卫·瓦伦西亚（David Valencia）以折纸作为设计构思。在提姆·里萨宁所教授的零浪费课程中，学生尝试运用折纸来获得创意，同时还配有传统意义上的草图和立体造型设计。学生可以在纸上把自己的最初理念转换成裁剪线。

大卫·瓦伦西亚供稿

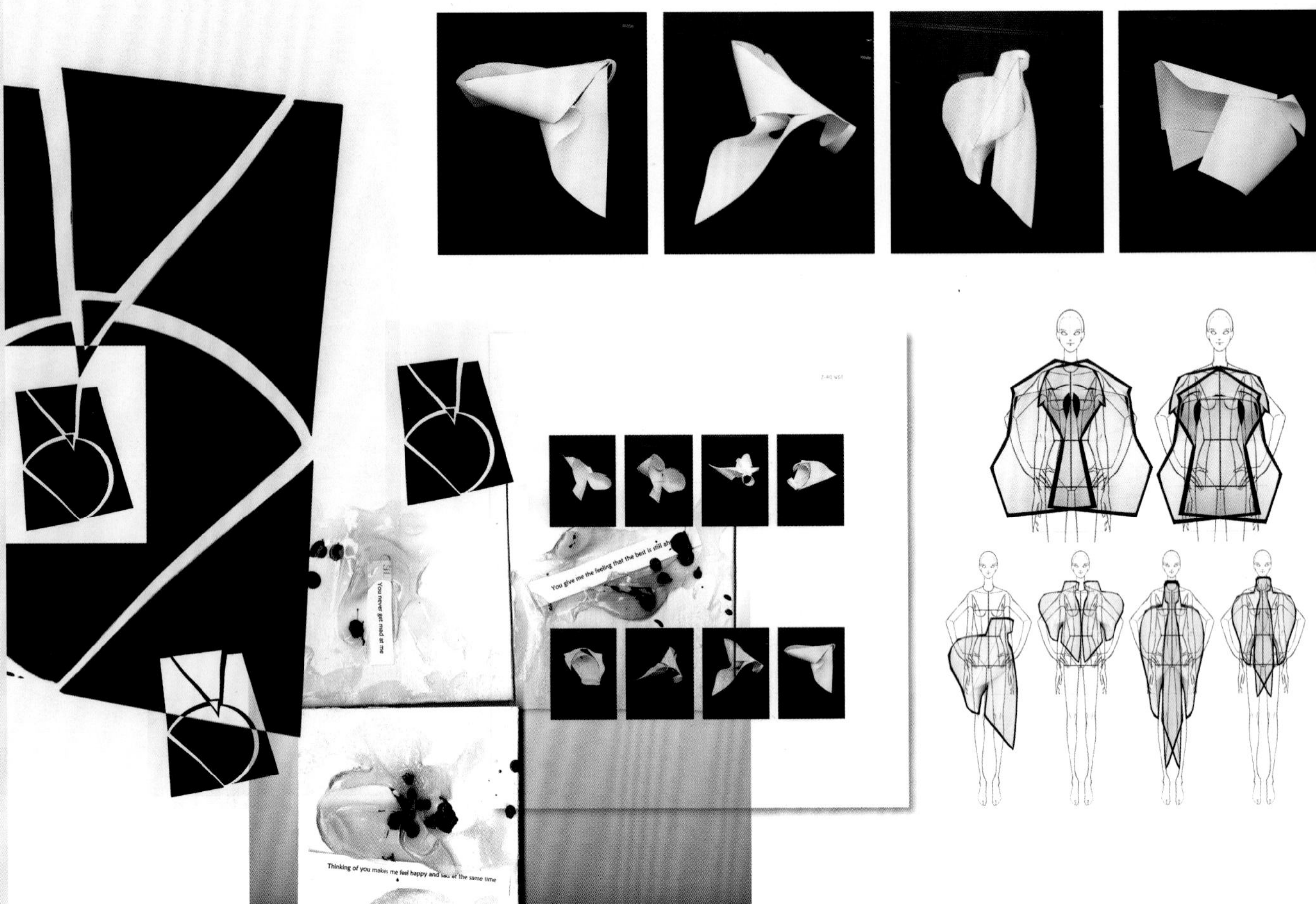

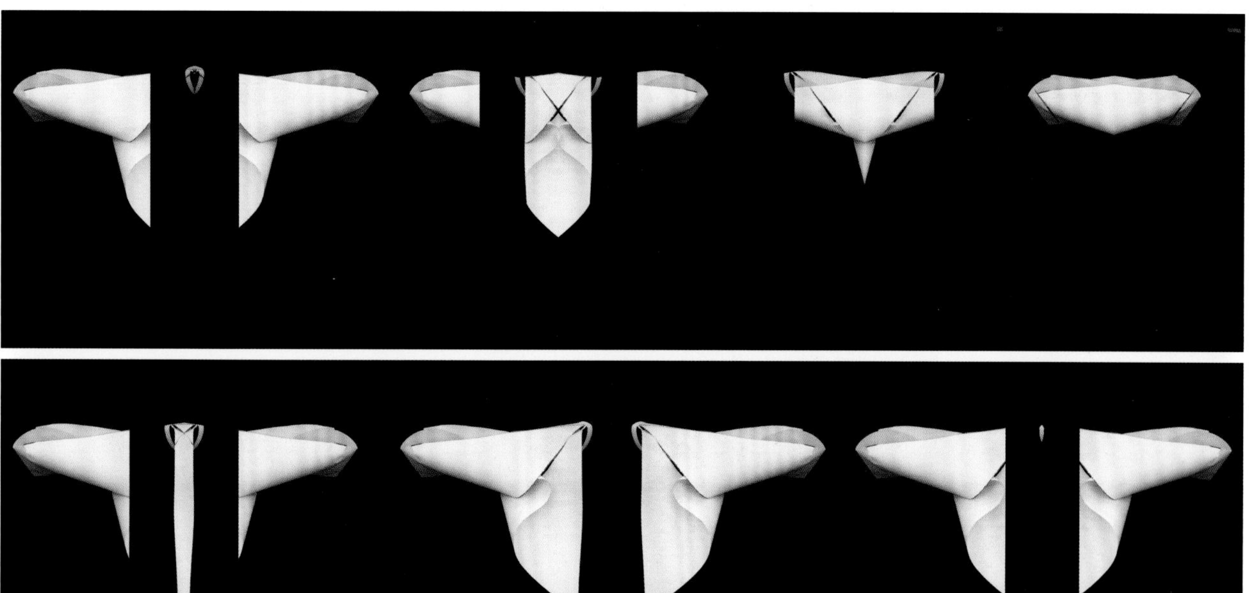

54

图54
大卫·瓦伦西亚运用Photoshop将折纸照片进行各种实验，以转换成为未来服装的造型。

大卫·瓦伦西亚供稿

纸样的设计构思

在零浪费时装设计中，纸样裁剪与传统的设计草图和立体裁剪一样，都是设计构思的工具。以下的示例可能在这一方面比较有用。欢迎你复制这些方法。最终的目标是启发你去进行实验，并且形成自己的方法。

在帕森斯设计学院的零浪费时装设计的课程中，里萨宁要求学生在一张A4纸或美式信纸上写下自己名字的首字母。学生们把首字母的线条剪下来，用胶带把它们做成三维形状。这些部位有可能与服装的某个部位相似；通常情况下，不太像。

学生可以从各个角度对这些字母造型拍摄照片并打印出来。这为进一步开展设计提供了非常丰富的素材，无论是纸样设计、立体裁剪或者草图设计。这个过程反映出了麦奎伦的方法，她正是从文字和字体的角度获取灵感，从而获得服装造型。

在“战争/和平”主题设计中，两件连衣裙是从“战争”（War）和“和平”（Peace）的赫维提卡字体的拼写着手设计的，是通过文字的字体和位置的操作实验、面料再造的实验、文字的数字化印花拓展而来的。

图55
赫利·麦奎伦设计的连衣裙是基于当代社会中对于“战争/和平”概念的理解所作的设计，将赫维提卡字体作为冲突无所不在的标志。

服装：赫利·麦奎伦
摄影：托马斯·麦奎伦

55

图56
“战争/和平”主题连衣裙的纸样揭示出赫维提卡字体的灵感来源。“战争”主题连衣裙纸样是通过将领围线设置在字母“R”中，并将其余面料在人台上进行立裁制作而成的。

赫利·麦奎伦供稿

56

图57
“和平”主题连衣裙纸样是通过将领围线设置在字母“P”中，并将其余面料在人台上进行立裁制作而成的。

赫利·麦奎伦供稿

57

已经有很多设计师探索了这种模块化和镶嵌的方法。麦奎伦的镶嵌工艺的设计目标是使用一种由重复镶嵌构成的纸样，将多层不同的布料叠放在一起进行一次性裁剪，通过模块化组件产生几乎无限种可能的服装设计。当穿着者不满意或者时尚发生变化时，这些服装可以返还给设计师，重新制作成新的服装。该系统可以根据部件的配置和所使用的面料，进行量身定制和流动性设计。通过在布边处生成缩小的重复的二维图案，排料产生的浪费极少或者没有浪费。

这个设计过程既有风险又有确定性，因为在裁剪布料之前，你无法预测服装的外观，但是设计师可以控制如何使用每一块布料来形成最终的设计。将这些形状运用到服装上的过程类似于雕塑而不是立体裁剪。重要的是，这是一种使得企业完全转向本地化、批量更小、速度更慢的设计方法。它还将设计师、生产者和消费者结合在一起，鼓励三者建立亲密关系。

这是一种转变，是从时装设计的主导行业模式，转向利用现有的技术和材料。此外，设计可以自由传播，通过本地化生产，与设计导入（design-in）审美的变化和减少材料的使用相结合，带来全球设计的分布。

布边

布边

58

图58

按照双曲线镶嵌式铺设的图案，用激光裁剪的方式裁剪面料，并将裁片在人台上进行立体造型。图案按照递减比例镶嵌式铺设，可以形成各种大小的裁片，而且图案边缘（蓝色部分）可以当作蕾丝花边来使用。

赫利·麦奎伦供稿

服装主体面料

装饰花边

宽度：根据面料幅宽自行调整

长度：根据设计所需自行调整

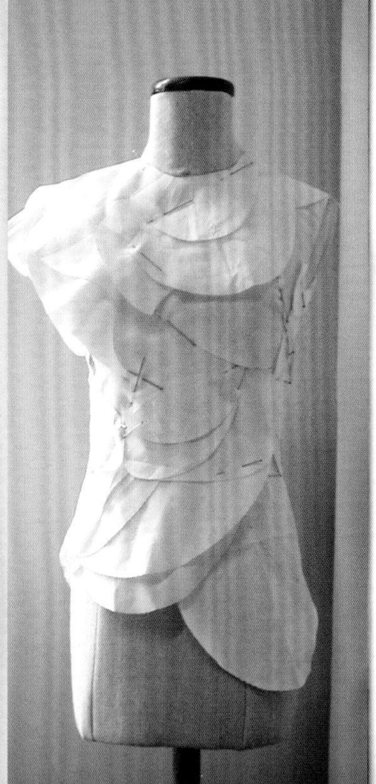

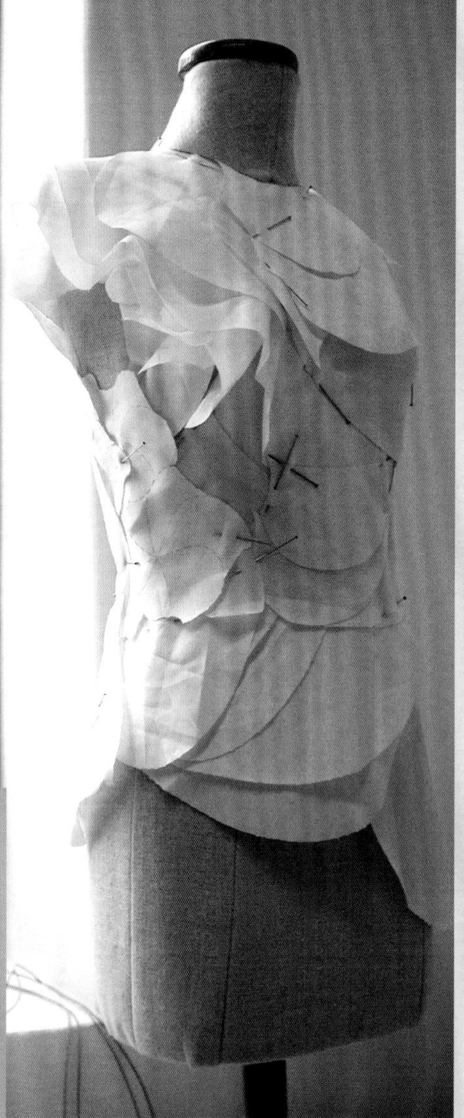

图59
将激光裁剪出的裁片放在人台上进行造型设计，其过程与其说是纸样裁剪，不如说更像雕塑。

赫利·麦奎伦供稿

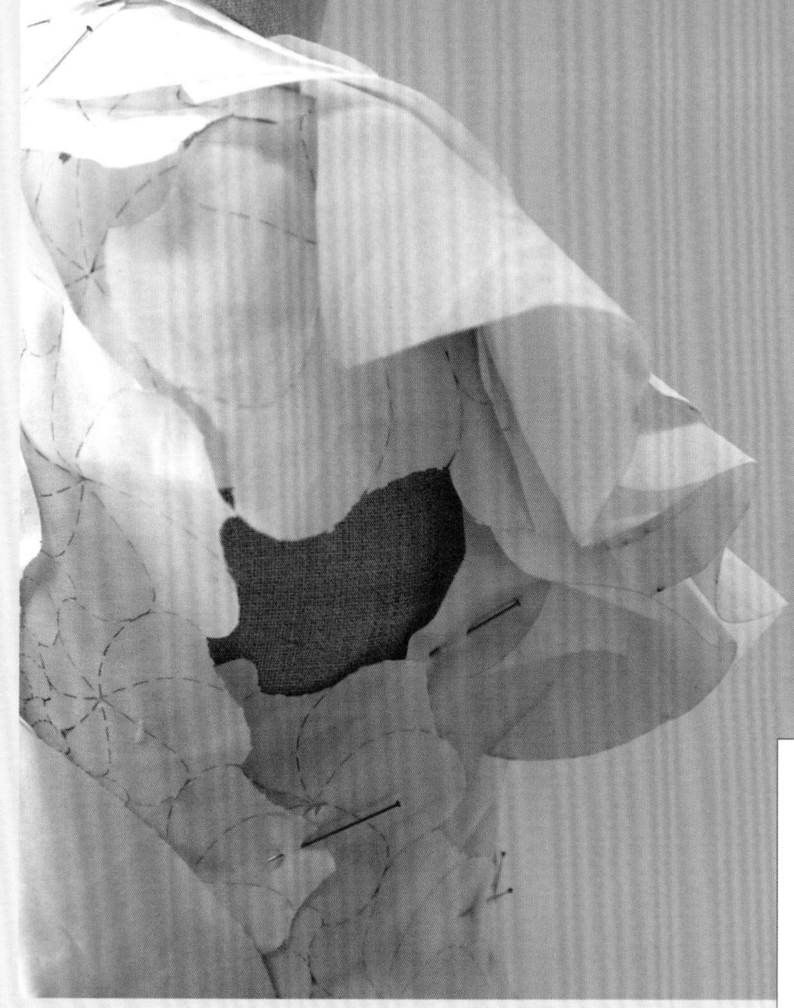

图60
当对设计不再有所期待时，所有裁片可以“重塑”成一个新的设计，损坏的裁片可以被逐个替换下来。

赫利·麦奎伦供稿

图61
由纽约研究工作室的塔拉·圣·詹姆斯设计的外套。随着时间的流转，圣·詹姆斯不断重复成功的造型，逐渐完善它们，采用不同的面料制作服装。这也提醒我们，好的理念是没有时效性限制的，甚至在时尚界也是如此。

服装：塔拉·圣·詹姆斯

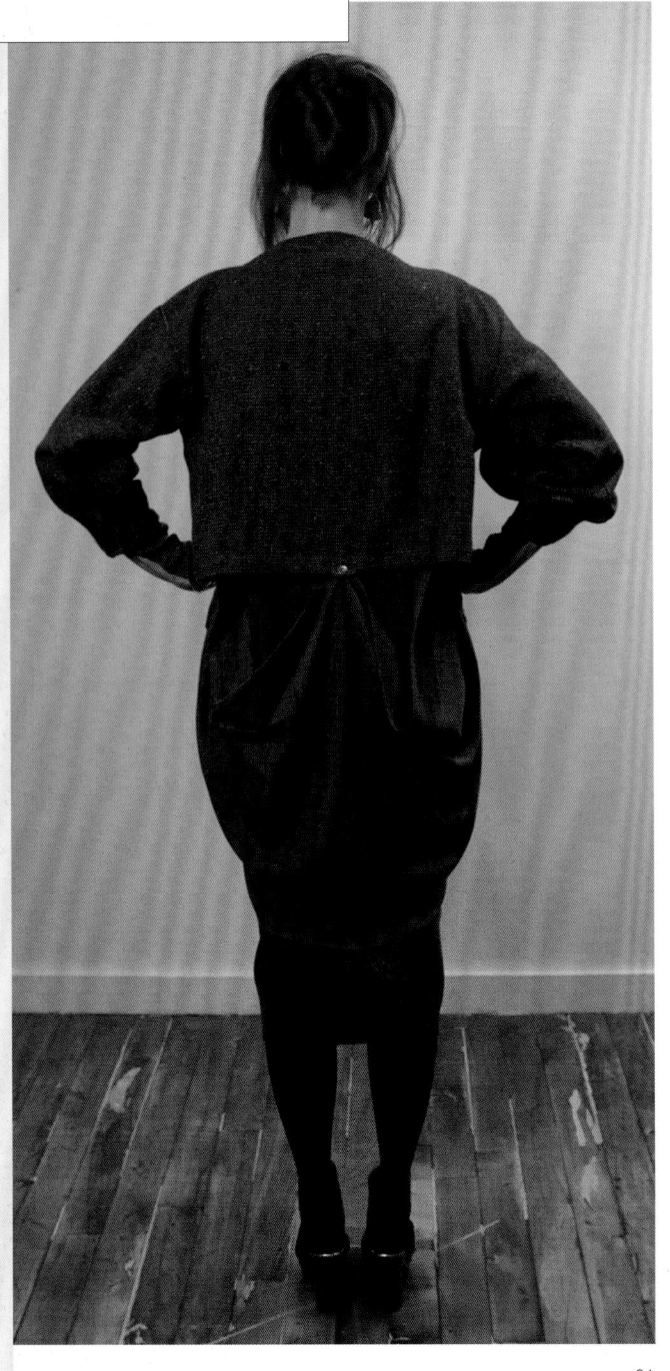

有两位设计师进行了刚性的几何形状的实验。20 世纪 80 年代中期，石沼良树（Yoshiki Hishinuma）完全用三角形织物制作服装。虽然这些服装不一定是零浪费的，但是他的设计方法在零浪费的背景下有相当大的潜力。2009 年，塔拉·圣·詹姆斯展示了纽约研究工作室的第一个系列，名为“广场项目”（the Square Project），其中每个造型都是对几何图形的练习。秀场上的第一个造型是用一块正方形的布料制成的，第二个造型是用两块正方形的布料制成的，以此类推。整个系列都是零浪费的。

这个系列的一些服装在五年后仍在生产，这表明该品牌的运营速度相对较慢，与主流时尚行业的做法形成对比。两位设计师的作品表明，在设计过程中从主观上设置一些限制，实际上可以产生高度原创和貌似合理的服装。

在零浪费时装设计中，正方形和矩形是最容易处理的形状，因为这就是织物的形状：机织面料就是由经纱和纬纱构成的网格。然而，用圆和曲线来设计是完全可能的。麦奎伦的衬衫和裤子的纸样是根据来自“虚无”展的圆形或椭圆形来设计的，它展示了麦奎伦如何通过弯曲的裤子纸样与上衣一起塑造出曲线廓形。

关于零浪费时装设计的一个常见误解是，它仅限于使用直线。赫利所设计的“虚无”和许多其他服装都表明，这种做法其实并不是必须的。想一想人体的形态是如何构成的，按照纸样裁剪的布料又是如何与之相呼应的，就知道服装设计离不开曲线。

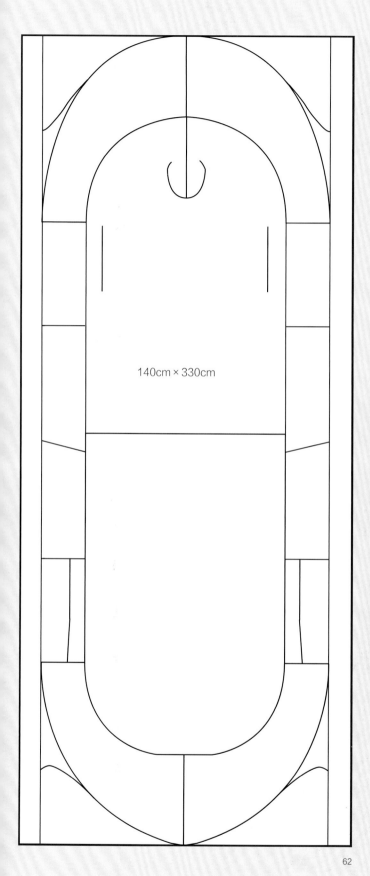

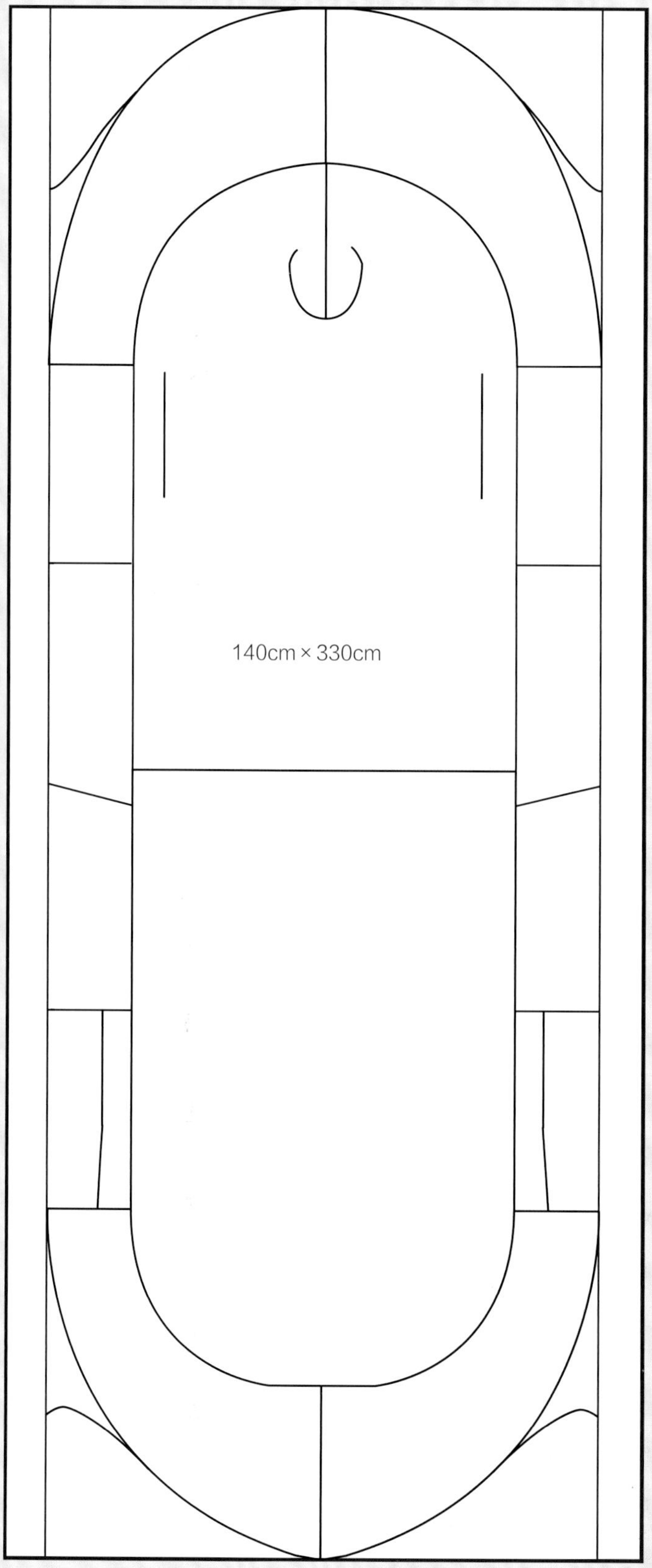

140cm × 330cm

62

63

图62和图63
虚无：赫利·麦奎伦设计的弧形T恤和裤子。“虚无”是赫利·麦奎伦与朱利安·罗伯茨和提姆·里萨宁的合作研究项目。

图62
服装：赫利·麦奎伦
摄影：托马斯·麦奎伦

图63
虚无：赫利·麦奎伦设计的弧形T恤和裤子的纸样。

赫利·麦奎伦供稿
托马斯·麦奎伦拍摄

本章论证了纸样裁剪可以是一种创造性的活动。在零浪费时装设计中，需要这样一个具有创造性和衍生性的过程。对于设计师和时尚教育工作者来说，这似乎是一个挑战，他们总是把纸样裁剪视为一种对设计有支撑作用的技术性过程，但事实上，观念上的转变很容易做到。

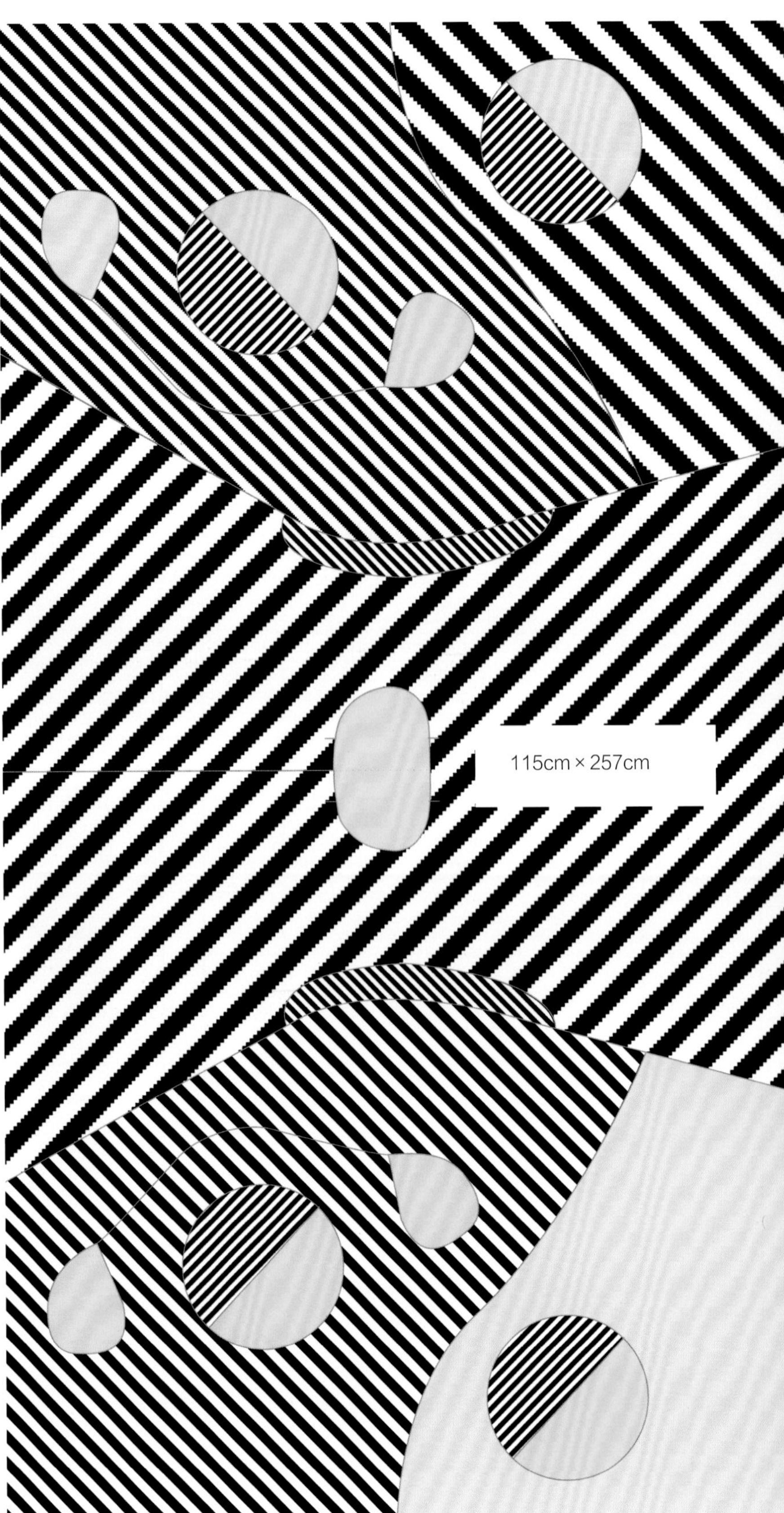

图64
“圆裁”合作研究项目——“虚无”：赫利 · 麦奎伦设计的合作T恤。作为对于零浪费裁剪的应用，袖子的结构探索了罗伯茨的减法裁剪。

赫利 · 麦奎伦供稿

快捷路径

1 观察传统时尚的作用及等级层次的利弊。

2 提出一系列时尚行业内可供选择的设计方案，以更好地实现时尚行业内的零浪费。

3 观察传统纸样设计与创意纸样设计之间的关系及其在零浪费时装设计中的地位。冲突是什么？机遇在哪里？

第三章

零浪费时装设计的基本要素

本章重点介绍了服装零浪费设计的成功策略和技巧。通过长时间的练习，你可能会找到适合自己的技巧。将设计中的风险视为获得新的解决方案的途径；甘冒风险去创造新的可能性。在织物内部进行设计和用织物进行设计是这种设计的组成部分。在零浪费的时尚设计中，面料创造了创新探索的空间。

65A

图65A
提姆·里萨宁设计的连帽衫和牛仔裤。连帽衫的裁剪是以维奥内特的斜裁设计为基础的，而牛仔裤的裁剪则来自塔亚特的图塔。

服装：提姆·里萨宁
摄影：马里亚诺·加西亚

图65B
提姆·里萨宁设计的连帽衫。根据面料的幅宽来探索裁制衣身裁片的做法，使得这件服装的连衣帽裁片形状变成了三角形。

提姆·里萨宁供稿

图65C
提姆·里萨宁设计完成的连帽衫纸样。在设计的最后阶段，两个衣身裁片之间留出的空间可以用来裁剪挂面和腰带。

提姆·里萨宁供稿

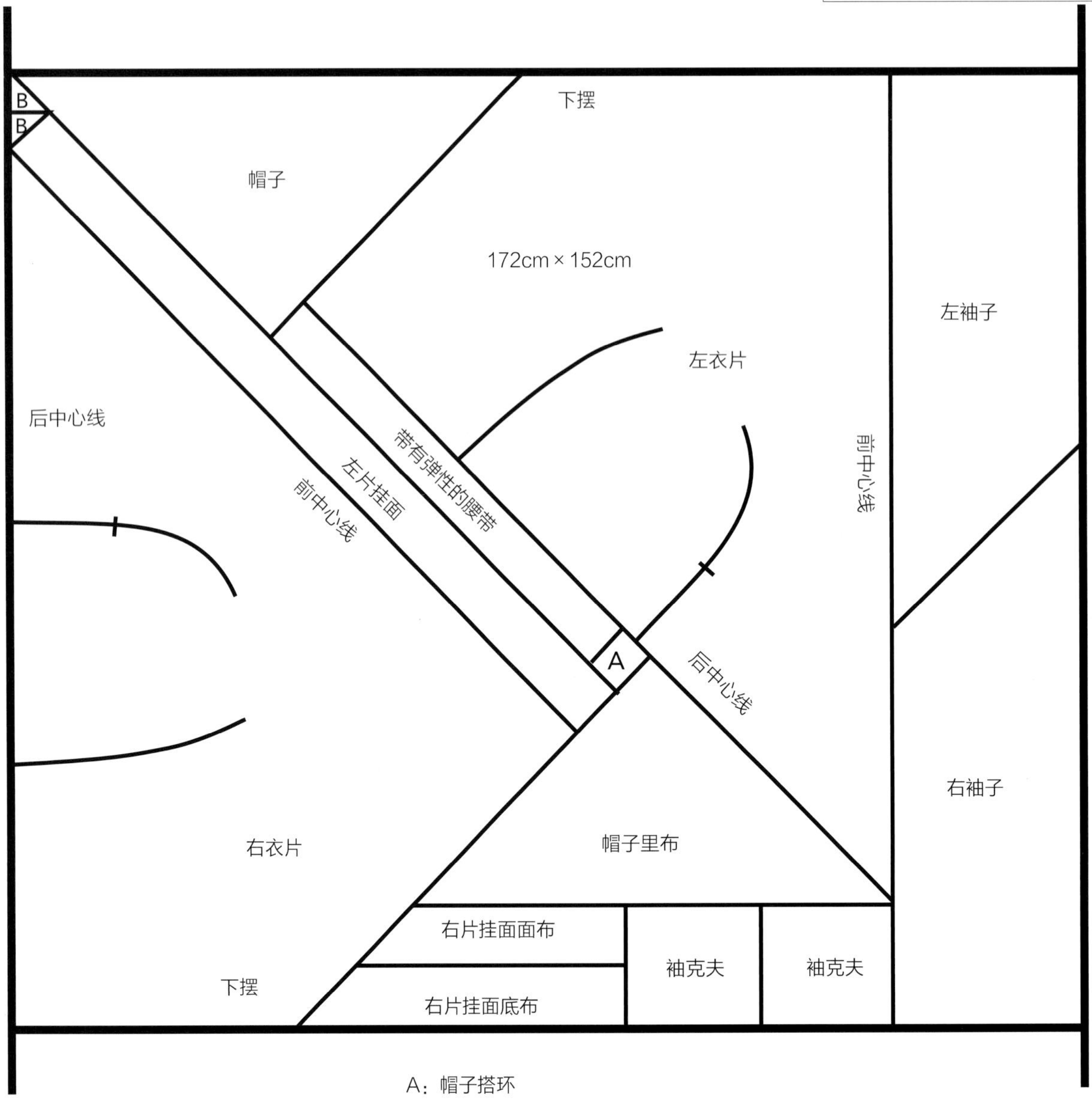

B
B
下摆
帽子
172cm × 152cm
左袖子
左衣片
后中心线
前中心线
带有弹性的腰带
左片挂面
前中心线
A
后中心线
右袖子
帽子里布
右衣片
右片挂面面布
袖克夫
袖克夫
下摆
右片挂面底布

A：帽子搭环
B：气眼底布

65C

零浪费时装设计的标准

在零浪费时装设计过程中，有五个主要标准：美观、合体、成本、面料浪费和可制造性，具体取决于设计的环境。就像不同的标准适用于不同的环境一样，根据不同的环境和设计过程的不同阶段，标准都会不同。但是，消除面料浪费永远不能以牺牲审美和合体性为代价；也不应该造成不适当的结果，例如由于不必要的复杂结构而造成的成本增加。

这本书的重点是面料零浪费，而它被认为是可持续性的无数方面之一。时尚的可持续性很复杂，就像时尚行业的可持续性很复杂一样。对于任何公司来说，承认和接受这种复杂性都是必要的；任何复杂的问题都可能需要多个不同规模的解决方案。对零浪费时装设计所做的探索需要超越常规的解决方案，与其他解决方案相结合，使得参与其中的每个人，从行业到时装使用者，都可以获得充实感和参与感。

主要原则		
	外观	服装外观：确保服装在视觉上能够带给消费者愉悦的感觉
	合体	服装与人体之间的关系：确保合体和舒适
	成本	服装成本：通过设计选择确定合适的零售价格
	可持续性	零浪费、纤维类型、服装使用的影响、视觉层面的长久性、物理层面的耐穿性、未来的可转换性
	可生产性	确保服装可以被生产加工。请看第五章

图66
零浪费时装设计的准则。

提姆·里萨宁、赫利·麦奎伦供稿

人们在讨论时尚的可持续性时，通常第一个想到的就是材料，例如纤维的来源以及染料的类型。材料是有形的，也是时尚的重要组成部分，学习和掌握一种材料的可持续性是相对比较容易的。然而，时尚是一个融合材料供应、生产、销售、服装使用实践和废弃处理等活动的彼此关联、相互交叠的系统，人们需要专注于这个复杂系统中的细节和某个部分，正如本书内容所述。然而，在这样做的过程中，很重要的一点是始终在整体环境中审视部分。弗莱彻给出了一个有用的、聚焦时尚的概览，主要是多纳拉·密都斯（Donella Meadows）所列出的在体系中具有干预作用的、可以扭转时尚体系的因素列表。根据密都斯的理论，思维模式是最有效的干预因素。就时尚界中可持续性方面的问题，包括废弃面料，其思维模式需要特别考虑的是时装设计的再设计及其在时尚行业和社会中的作用。零浪费时装设计是改变时尚思维模式的有用工具。

译者注：多纳拉·密都斯是可持续发展方面的科学家和活动家。

设计创意工具箱

每个时装设计师的工作方式都不一样；无论是服装创意的产生，还是将这些想法提炼和拓展成为最终的解决方案，其做法都没有对错之分。正如阿卡和尼尼玛卡（Aakko and Niinimäki）所说："远离常见的制版规则可以带来具有实验性和创造性的设计过程。"零浪费时装设计与传统的时装设计的区别在于，纸样裁剪必定是设计过程中不可或缺的一部分，纸样裁剪本身就是时装设计。

以设计和制作什么样的服装为最终目标，可以成为设计师的起点。例如，如果设计师认为一件服装必须有某个特定的特征或者特定的尺寸（如某个特定的袖子或者领子），那么从一开始就要考虑这个问题。首先，纸样必须体现这一特点。与此同时，设计师应该注意任何一个纸样样板形态所构成的负形部分，因为最终它们也将会成为另一个或者其他多个纸样样板的一部分。一旦那个部分通过坯布进行匹配组合，纸样也进行了修正，你就可以在面料上进行一个或者多个纸样样板的探索，看看它们如何与布边产生关联，以及它们相互之间如何产生关联。这将会开启可以进一步推进设计探索的负形空间之门。

67

图67
对于提姆·里萨宁设计的袖窿的负形空间的思考。这个袖窿最终变为了袖子的开衩。

提姆·里萨宁供稿

零浪费纸样裁剪
工作坊
阿尔托大学
（AALTO）2012

2012 年，麦奎伦在阿尔托大学的工作坊向参与者展示了三种方法，这些对所有尝试进行零浪费时装设计的人来说是很有帮助的起点。预设的混沌裁剪法以传统服装的样板为起点，几何裁剪法以抽象的形状和几何图形作为起点，而裁剪与立裁则是一种在人台上自由设计的方法。每一种方法都可以独立使用，在初期的探索中，这样做是有效果的；然而，随着时间的发展，这三种不同方法的混合使用似乎可以提供更为丰富的结果。本书作者的大多数作品正是使用其中一种方法或者混合使用多种方法后的例证。

68

图68
2012年在阿尔托大学举行的零浪费纸样裁剪工作坊课程中，瓦尔瓦拉·泽姆祖珍妮科娃（Varvara Zhemchuzhnikova)设计的手工印花的连衣裙。

柯希·尼尼玛卡（Kirsi Niinimäki）供稿

零浪费样板

大多数关于纸样裁剪的书籍都展示了如何绘制基础的样板和净板，不同的地区和背景使用的术语不同，无论是教育机构、公司还是教科书。净板（sloper）是北美时装教育中的主流词汇，而样板（block）则在其他地方被使用。法萨内拉（Fasanella）清楚地做出了划分：净板不包含缝份，而样板则包含缝份。作为地区性差异的例子，“block”这个词在新西兰表示样板，但并不包含缝份。在这里讨论的是样板，因为在每个样板中都包含看得见摸得着的缝份，这样可以使得设计过程更容易。与已经包含缝份的样板相比，只能靠想象缝份存在的位置来探索样板在面料上如何彼此嵌套将会极富挑战性。

虽然人们经常使用“基础样板”这一术语，但样板纸样是一种主观构造。在公司内部，样板纸样会反映出公司核心客户的理想契合度。合体元素，例如宽松的程度或腋下袖窿的高度，取决于公司的背景。至于设计，正如法萨内拉所指出的，样板是畅销款的纸样。因此，样板纸样隐含着该公司的整体审美。由版师通过实践所打造的样板说明他们所设计的服装类型。

大多数关于纸样绘制的书籍中所展示出来的样板，就仿佛是在一个中立立场上建构服装。然而，林德奎斯特曾指出，这些样板并不是中立的，相反，样板被假设在西方工业背景中并遵循一系列装扮人体的规则：样板都有侧缝和肩缝、“固定的”省道位置以及一定的放松量。样板是有用的工具：根据服装的类型、材料和所需的合身程度选择合适的样板，并对其进行改造，以反映所需的设计。样板有助于及时开发新的服装样式，并确保服装在一段时间内始终保持服装的合体度。在零浪费时装设计的背景下，传统的样板可以以类似的方式使用；然而，我们提出了另一种零浪费服装样板的思考方法。

从某种程度上来说，一个零浪费的服装样板将会对一件服装的最终纸样的排版负责任。例如，两个纸样的对应边应该可以完美对齐，同时确保每个纸样都可以保持所需的丝缕。降低最终的排版设计中的复杂性也可以体现在样板中。在设计过程中，零浪费服装的样板是根据最终服装所要的设计细节、合体度以及面料幅宽而进行过修正的。

在整个设计过程中，一个有用的策略是为所需的设计保留一个最终纸样裁片的列表。随着每一块裁片的发展，它会有助于将每一个纸样裁片作标记，表明哪些区域是“固定的”以及哪些区域是“灵活的”。例如，对于特定的合体度和廓形，某些缝份是固定的，而挂面的松散边缘的形状可能有一定的灵活性。这种灵活性可以在解决一件零浪费服装的整体纸样的排料方面有帮助。通过设计过程，这些固定和灵活的区域协同工作，彼此相互影响，同时还要考虑面料的幅宽以及设计师对这件服装所预设的目标。

零浪费时装设计需要注意挂面、接缝和边缘的处理。这些因素需要成为整个设计过程的一部分，如果把这些因素放到设计过程的后期阶段再来考虑，就不会有什么作用了，因为它们对纸样裁片有着特定的影响（如宽松量方面），这反过来也会影响纸样裁片的总体排布。

在研究中，麦奎伦开发了一系列的设置，在此基础上建立起很多设计。我们把她的两个研究进行进一步细化的讨论，再将其他人的示例都列出来，供你探索研究。

需要考虑的关键因素

+	+
服装类型	连衣裙 / 衬衫 / 外套 / 裤子等
面料幅宽	从布边到布边的宽度（需精准测量）
面料类型	梭织 / 针织：面料的织造类型，及其对设计带来怎样的影响
廓形	选择合适的造型
所需的特定特点	在开始之前需要进行纸样裁剪
衣片中固定的和可变的的区域	太多固定的区域会使这一过程增大难度
结构后整理	考虑缝份、挂面、门襟等
纸样裁片清单	由以上所有因素共同决定，但是会伴随设计过程而有所变化

69

图69
需要考虑的关键因素：服装类型、面料幅宽、面料类型、纸样裁片清单、衣片中固定的和可变化的区域、结构后整理等。

提姆·里萨宁、赫利·麦奎伦供稿

塑造T恤 / 丘尼克（TUNIC）

图70
从历史上的服装发展而来T恤/丘尼克（Tunic）。

托马斯·麦奎伦拍摄

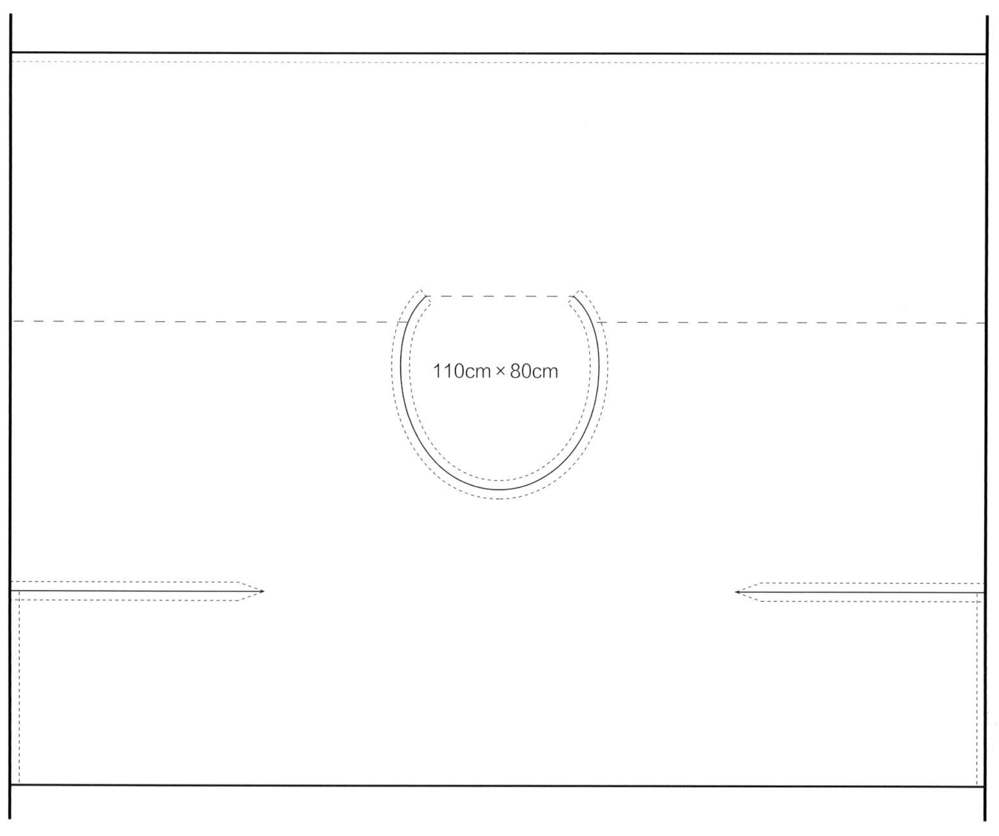

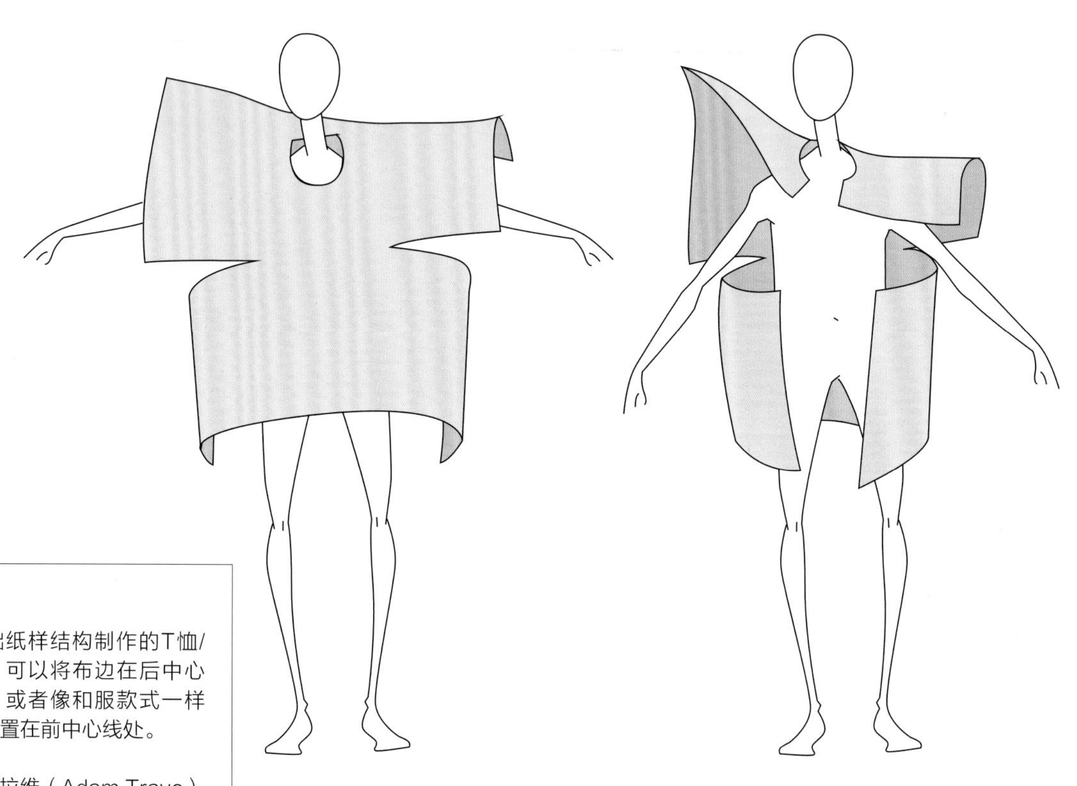

图71
按照基础纸样结构制作的T恤/丘尼克，可以将布边在后中心线缝合，或者像和服款式一样将开口设置在前中心线处。

亚当·特拉维（Adam Trave）供稿

71

赫利·麦奎伦设计的垂坠式无袖丘尼克

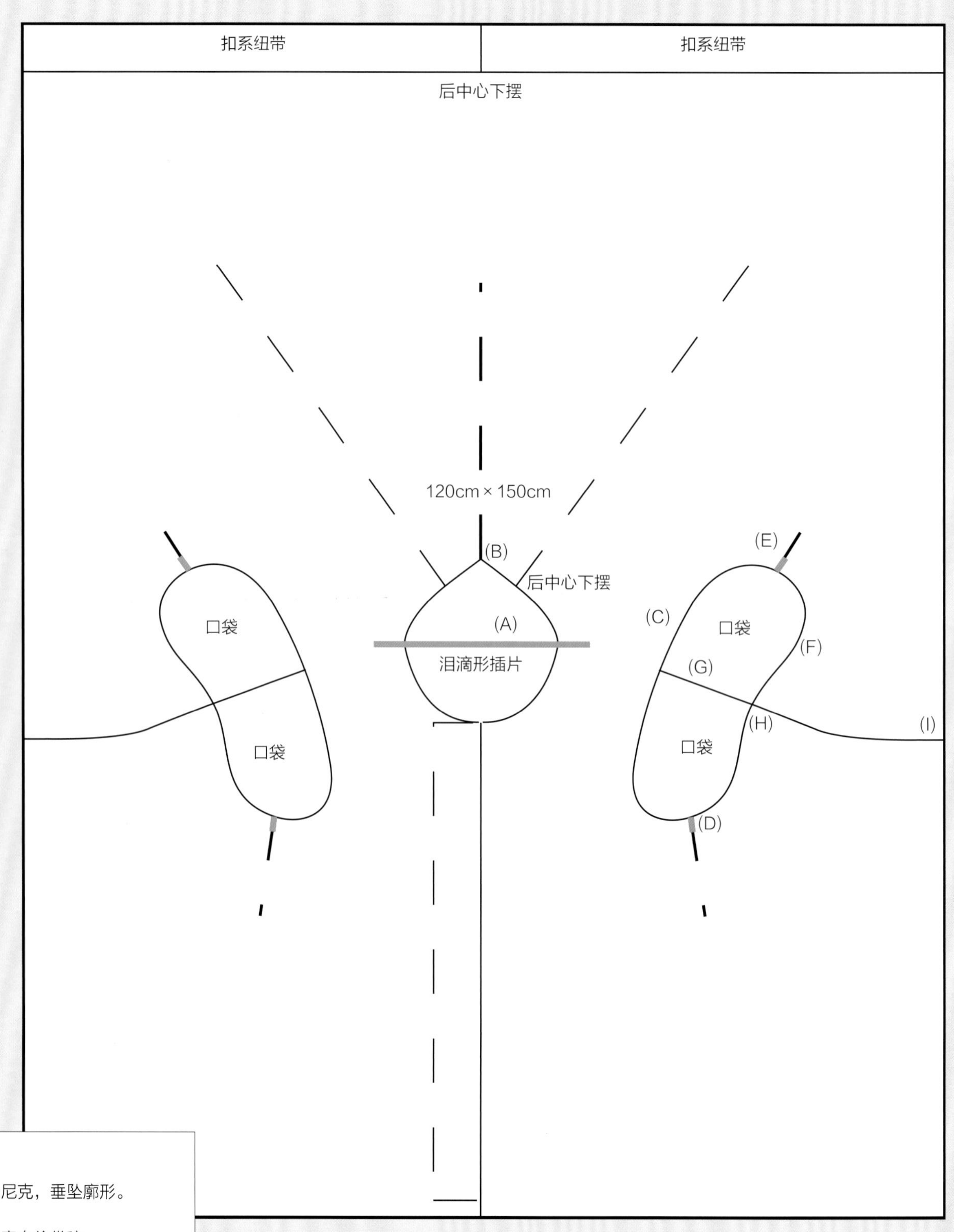

图72
无袖丘尼克，垂坠廓形。

赫利·麦奎伦供稿

该设计由“预设的混沌”裁剪法发展而来，围绕着领口和袖窿的简单设置展开。通过多种方式对它进行修改，最终可以生成一系列的成品和廓形。它将平面的纸样裁剪和立体裁剪相结合展开设计，直到获得最终的效果呈现。它所使用的样板通常是带有省道的衣身样板，但也可以是一件男式衬衫或者女式衬衫，甚至是一件外套样板。所采用的样板取决于项目的最终目标。如果你想要解决的是衬衫中的设计问题，那就可以在一件带有袖子的衬衫样板上开始设计。关键的固定区域将会涉及领围线和袖窿以及袖窿和袖山的关系。织物的长度是服装长度的两倍，宽度则可以根据面料的用量来定，以使设计师可以获得垂坠廓形。例如，用 2m 长的面料将会带来从肩部到下摆长约 1m 的上衣。较窄的布料将会带来较少量的垂坠设计。在面料的宽度之间还存在潜在的直接联系，这将决定纽扣门襟（纽扣叠门）的长度，而前中心开口处的长度正是纽扣门襟所要缝合的长度。

这款无袖丘尼克的设计在前中心开口处带有纽扣门襟和缝内插袋，所用布料 1.2m 幅宽、1.5m 长。因为它是对称的，所以沿着纱线的丝缕方向折叠，量取 0.6m × 1.5m。

详细说明：

1 从带有省道的衣身样板着手，将省道从肩部转移至腰部。这是垂坠式廓形的起点，并使得肩部的接缝可以消除掉。布料的一半幅宽（决定了纽扣叠门的长度）和缝有纽扣叠门的前中心开口处的长度之间存在直接联系。

2 画一个矩形，其宽度为布料的一半幅宽（60cm），长度为 150cm。矩形的四边为布边、折线、上部边缘线和下部边缘线。从上部边缘线向下 6cm，画一条与之平行的直线，标为纽扣叠门（2cm）。纽扣叠门处留出 1cm 的缝份，标出后中心的下摆（CBH）。在纽扣叠门到下部边缘线之间的一半距离处标 A（约 72cm）。将衣身样板的前中心线设置在距离折线 1cm 处，将肩 / 颈点与 A 点对齐。将带有省道的衣身放在后部，将肩缝对齐，以消除肩缝；标出颈后中点的位置。

3 将领围线一圈整体加大 5mm，将后领围线延长至折线 B。这个泪滴形造型将成为一个插片，可以构成后片的悬垂造型。

4 标出前后的袖窿 C，标出侧缝 D 和 E。将后边的袖窿线与前片的袖窿线连成圆顺的弧线 F；将袖窿裁出的布料一分为二，就形成了两个口袋布 G，因此要确保这里能满足一只手可以自如地通过。

5 从肩部 F 开始测量，并在一半处做出标记点 H。延长该线形成直角，然后向着布边画弧线 I。

6 裁出服装，将 E–H 与 D–H 对合，沿裁剪线 F 缝合。缝合后部的褶子 B+CBN。将泪滴形的插片插入 CBH 处，然后再在人台上解决最终的设计，斟酌一下纽扣叠门和口袋的位置。

前片和后片的长度取决于袖窿和领围线的位置；将它们向着前片下摆方向移动就会带来一个更短的前片和更长的后片。如果将浮余量指向某一个特定的设计轴线，就可以采用同样的办法。

图73
备选垂坠款丘尼克的排版，将领围线和袖窿线移动，浮余量可以沿着身体的任何轴线重塑。

赫利·麦奎伦供稿

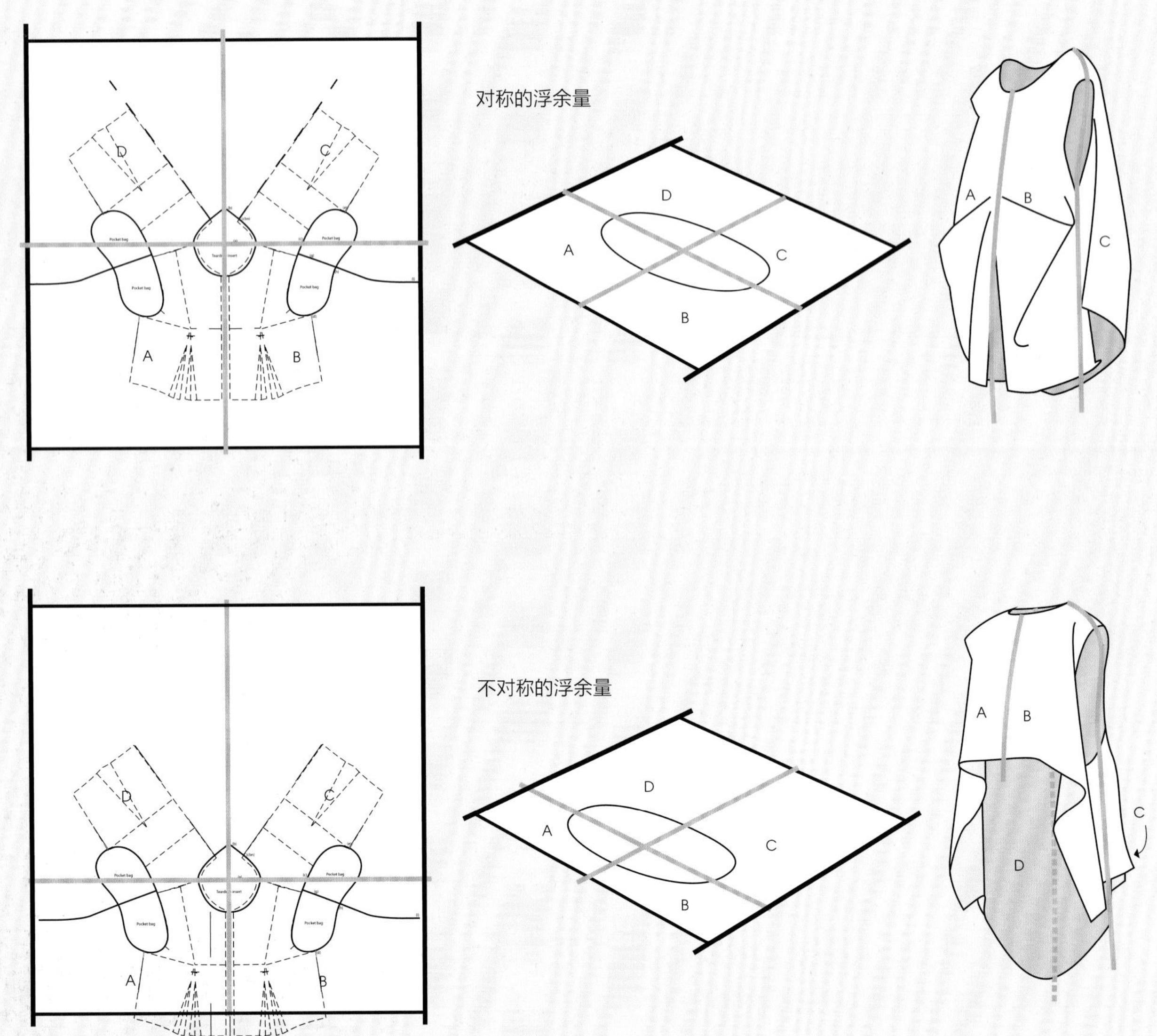

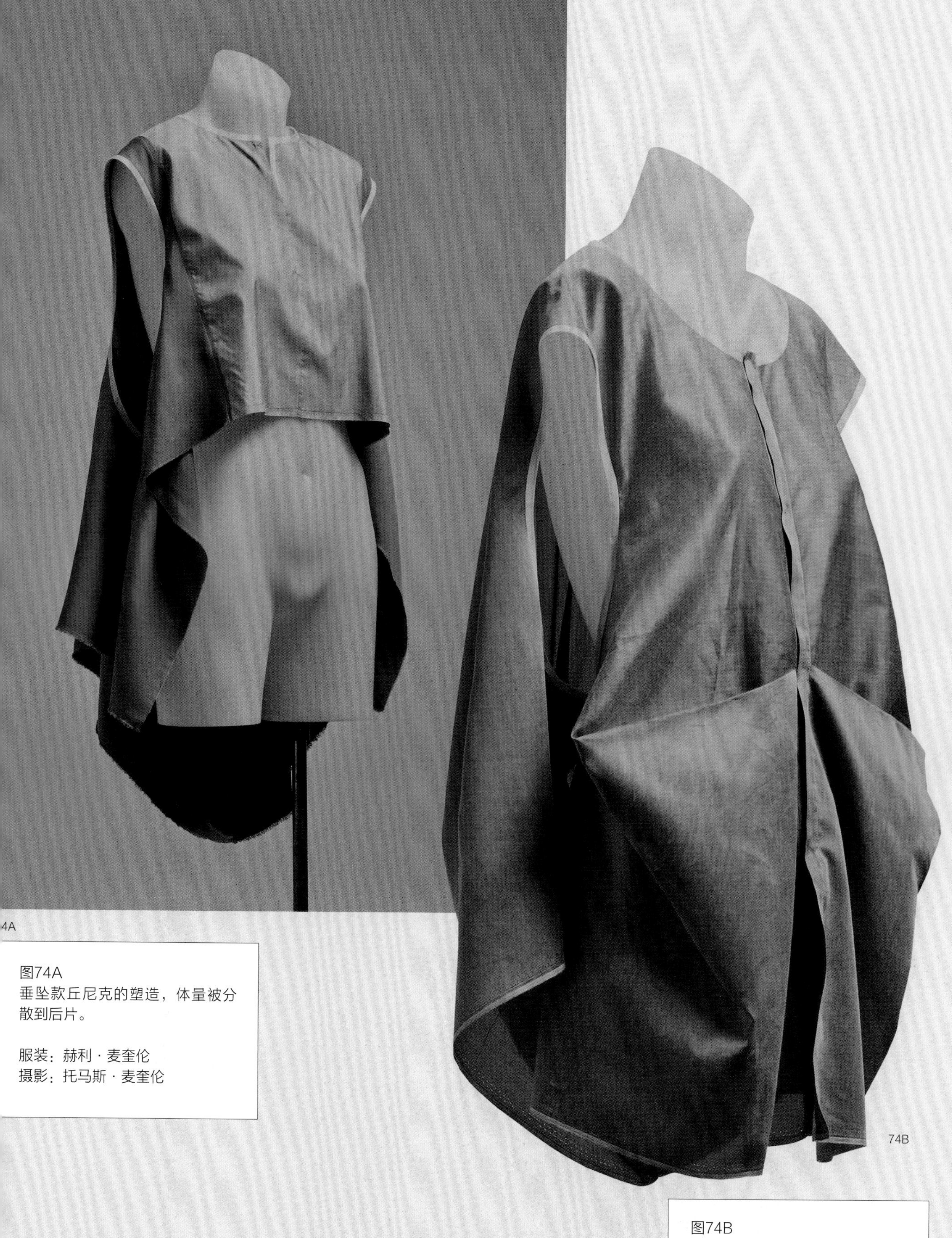

图74A
垂坠款丘尼克的塑造，体量被分散到后片。

服装：赫利 · 麦奎伦
摄影：托马斯 · 麦奎伦

图74B
垂坠款丘尼克的塑造，体量被设定在前中心处。

服装：赫利 · 麦奎伦
摄影：托马斯 · 麦奎伦

广袖款

图75
广袖款袖子几乎垂落到了腰间，形成了和服样式的造型。

服装：赫利·麦奎伦
摄影：托马斯·麦奎伦

图76
广袖款缠裹连衣裙的纸样，灰色部分就是袖子。

赫利·麦奎伦供稿

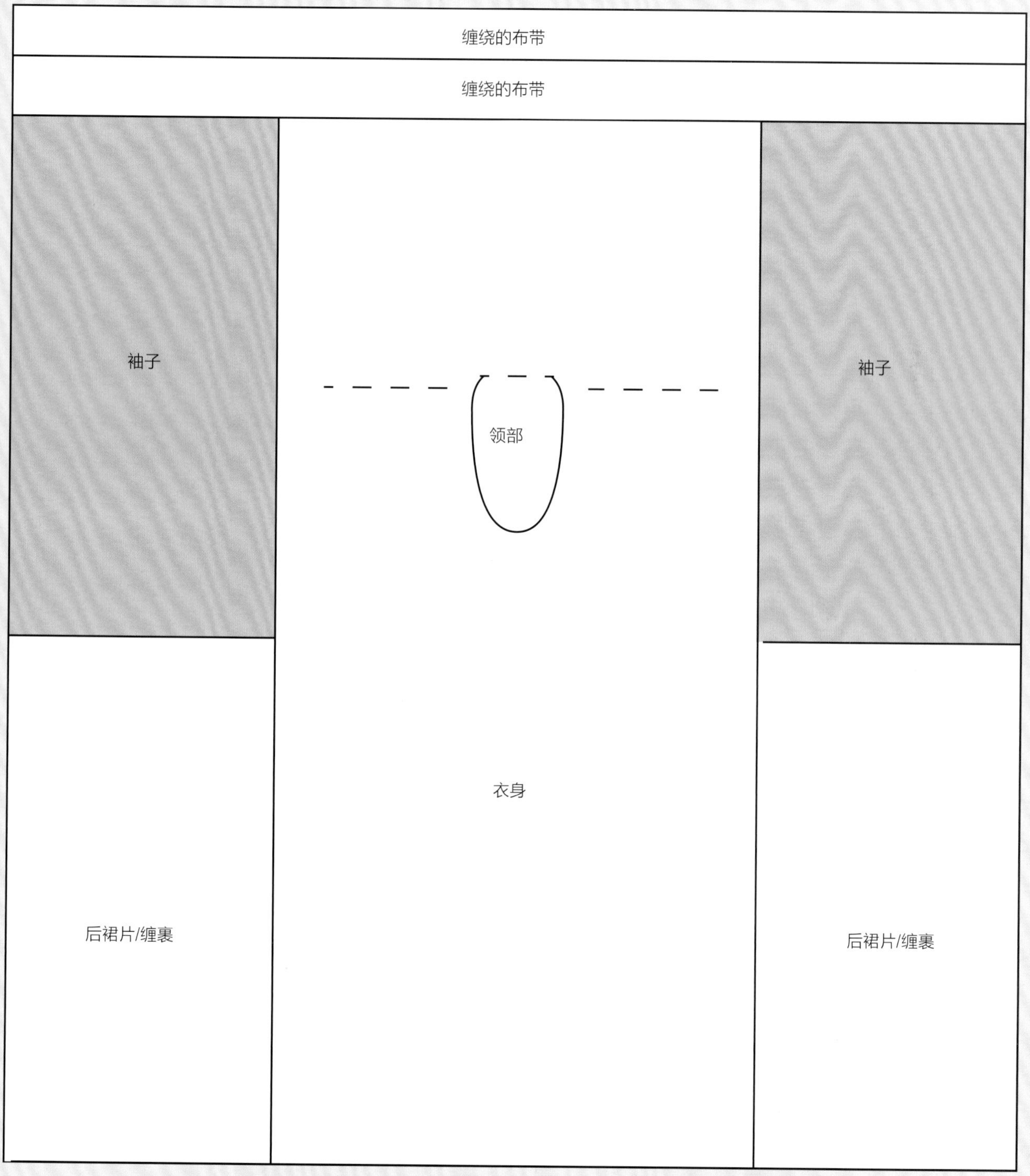

76

三角形袖子

77A

图77A
三角形袖子，弧形T恤。通过将三角形纸样裁片扭转为锥形管状造型，可以塑造出袖子的造型。

摄影：托马斯 · 麦奎伦

图77B
三角形袖子，弧形T恤纸样细节

赫利 · 麦奎伦供稿

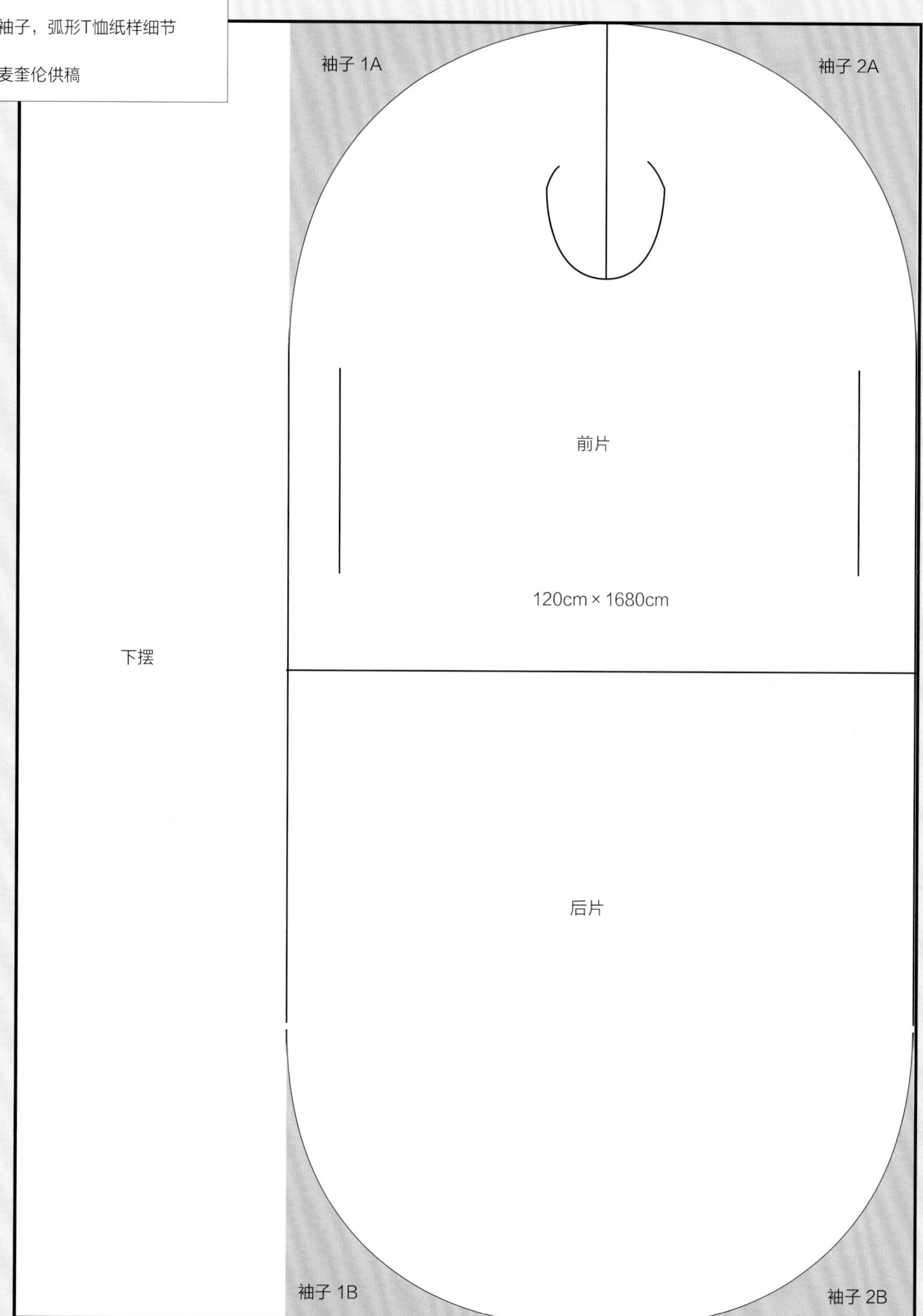

77B

作为袖子的袖子样板

78A

图78A
袖子样板。

摄影：托马斯·麦奎伦

图78B
袖子样板。男装连帽衫的袖子纸样在图中显示为灰色。当进行零浪费设计时，将袖子样板分解成几个小部分，可以提供更多的设计选择。

赫利·麦奎伦供稿

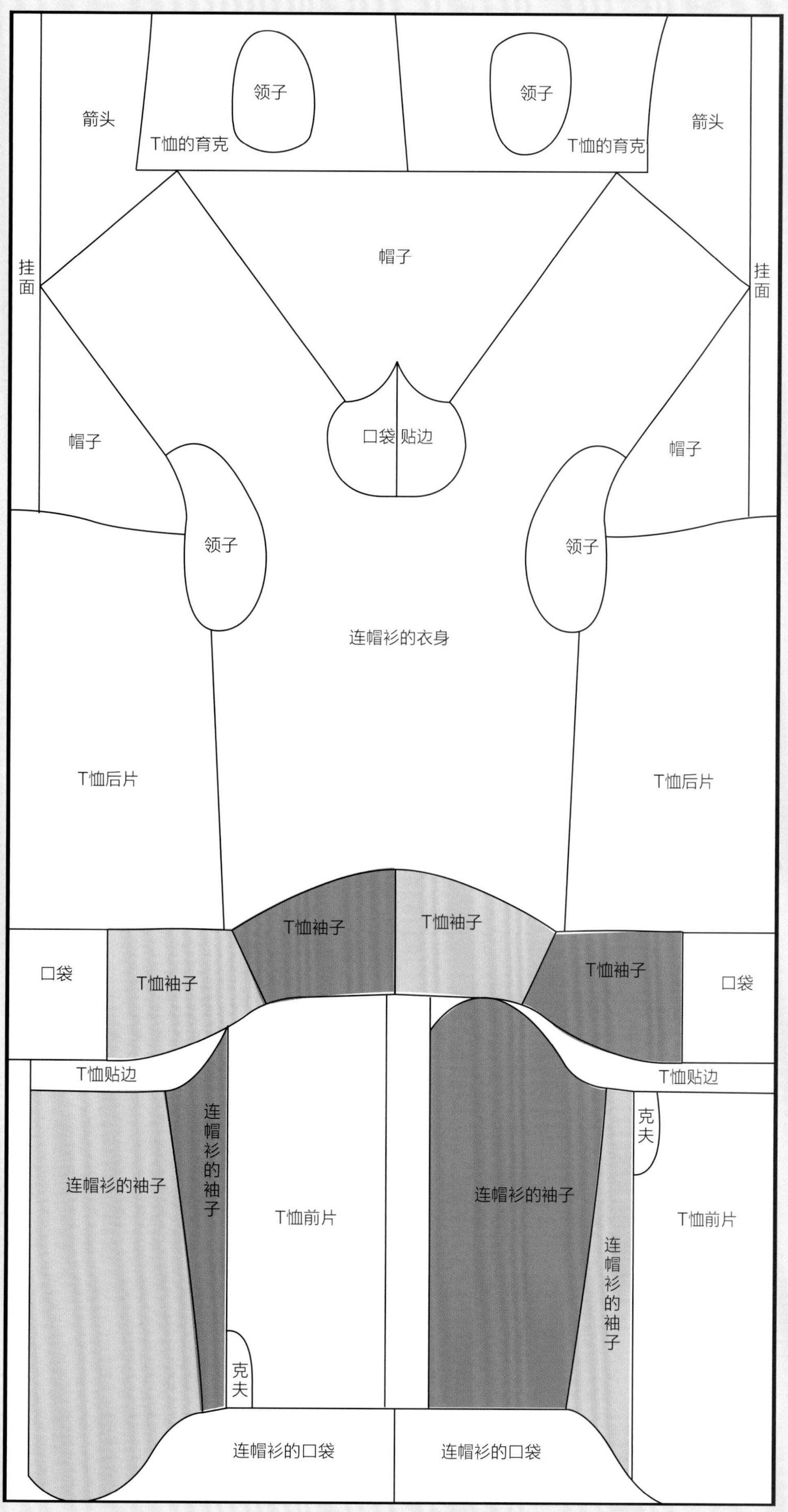
箭头
领子
T恤的育克
领子
T恤的育克
箭头
挂面
帽子
挂面
帽子
口袋 贴边
帽子
领子
领子
连帽衫的衣身
T恤后片
T恤后片
T恤袖子
T恤袖子
口袋
T恤袖子
T恤袖子
口袋
T恤贴边
T恤贴边
克夫
连帽衫的袖子
连帽衫的袖子
T恤前片
连帽衫的袖子
T恤前片
连帽衫的袖子
克夫
连帽衫的口袋
连帽衫的口袋

78B

传统袖子样板的其他用法

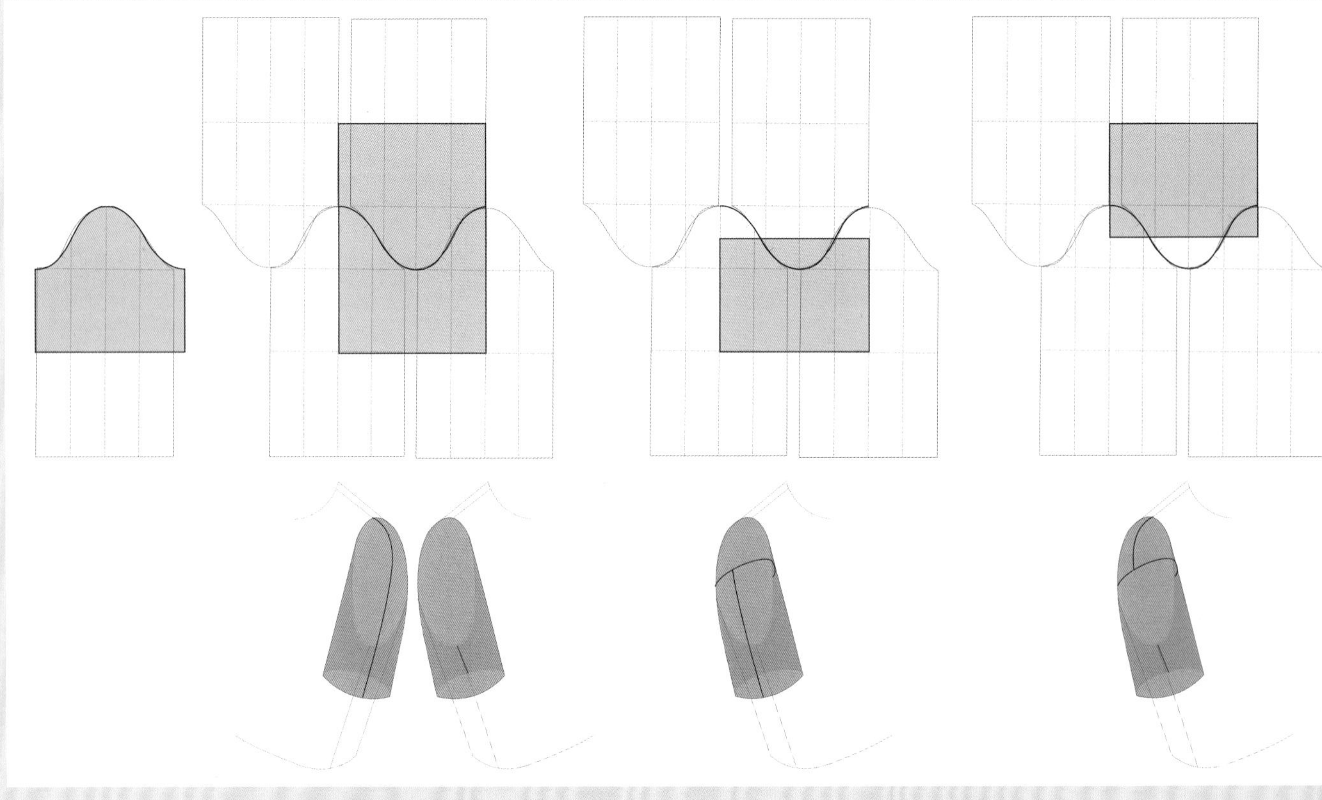

79

图79
将装袖的造型转变为矩形，可以更好地应用于零浪费纸样中。

赫利·麦奎伦供稿

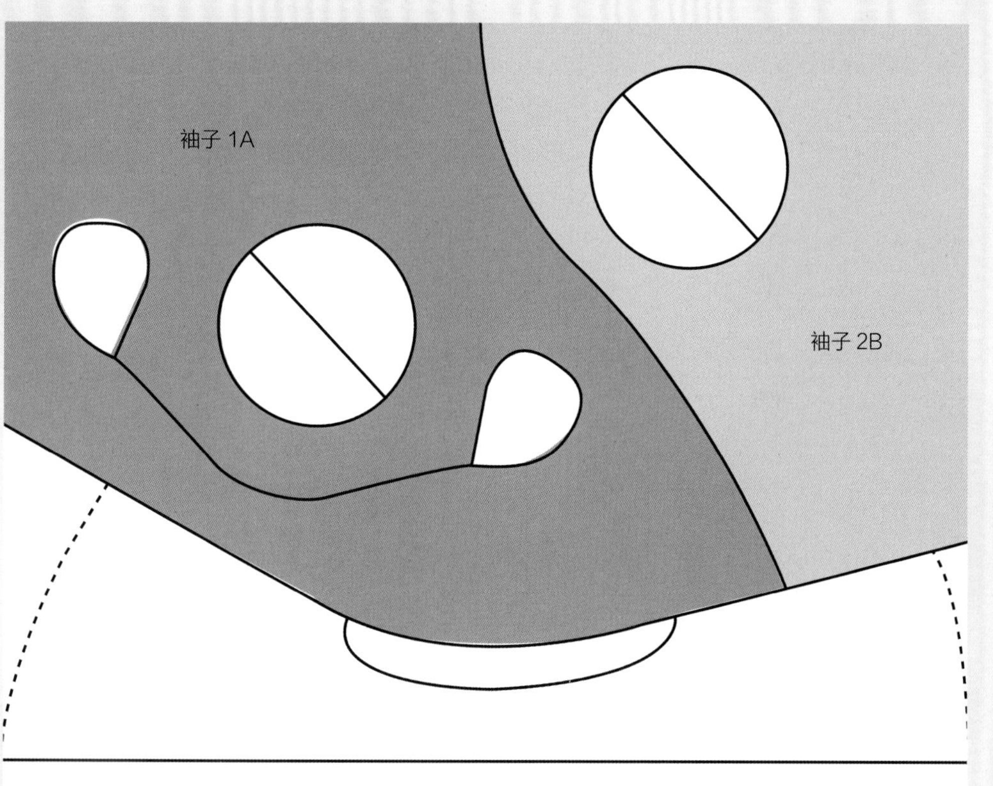

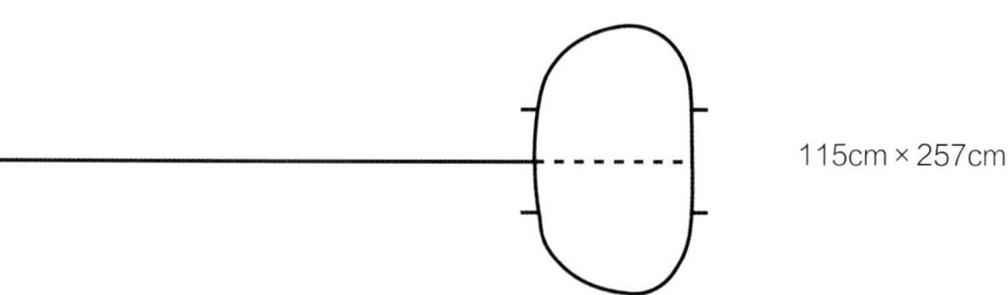

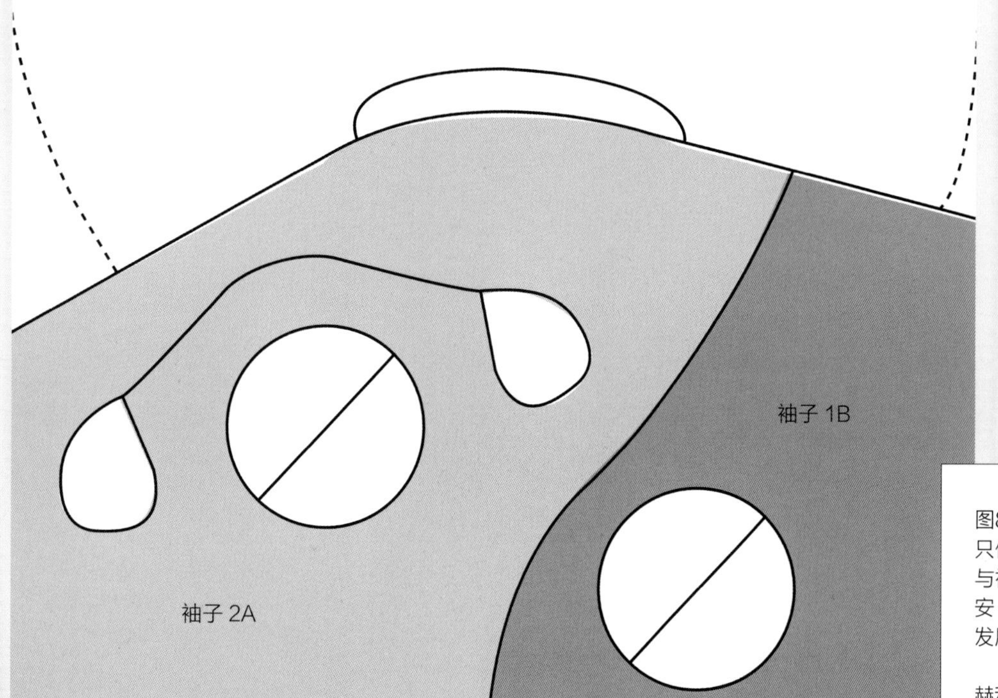

图80
只保留袖山，以确保它刚好与袖窿弧度匹配，运用朱利安·罗伯茨的减法裁剪方法发展而成。

赫利·麦奎伦供稿

提姆·里萨宁设计的耐穿衬衫

81

1 拓展衣身和袖子的纸样。一个袖子在手臂内侧缝合，另一个在手臂外侧缝合，这样两个袖片的袖山就可以在排版时嵌套起来。前片育克的缝份是横丝缕的，与前中心线呈 90° 角。这样两个衣身裁片就可以并排地排在一起。最大的挑战就是当两个袖山相互嵌套后还可以获得令人满意的袖窿和袖子。如果在浪费和适体之间做出选择的话，最后的袖片会出于适体的考量会多些。这件衬衫的袖子是矩形的，并有锥形的褶裥（塔克）；也可以使用省道。结实的衬衫面料更适合锥形的褶裥，这样可以避免产生过多的余量。

2 为了排版的方便，育克在后中心处被分解成了两片；把它们放在一起可以在排料时形成一个矩形。育克有两对，而不是一对，这样今后通过调整后中心部位就可以修改衬衫了。

3 分析哪些是固定的：在这种情况下，两个衣身样板之间、两个袖山之间以及四个育克之间的关系是独立固定的。现在可以检查以上这些裁片，连同袖子的下半部分，根据面料的宽度不同，其位置和相互关系可能多少会有点变化。手边要有所有最终裁片的清单。通常，一件衬衫通常有袖衩、袖克夫、领子和领座，也许还有口袋等部件，要记住哪些是固定的，哪些是灵活的。例如，袖克夫与袖子相连接的边缘尺寸是固定的，而袖克夫的外部边缘的形状可以根据你的想法随意设计。将这些固定和灵活的部件列出来，连同裁片列表一起，可以使得设计过程更为高效。

4 继续设计余下的衬衫部件。对于里萨宁而言，他利用衬衫育克产生的圆形造型形成了半个袖克夫，另外半个则来自排料时产生的直角。这件衬衫的背部也需要有褶子，再加上内部的腰带，一起塑造出宽松束腰款的后部效果。有一个袖衩来自袖窿的椭圆形造型，而另一个袖衩的形状则是更为传统的矩形。

图81
提姆·里萨宁设计的耐穿衬衫。该衬衫是在考虑未来的修改和变化的情况下进行设计的。

赫利·麦奎伦供稿
西尔弗萨特（Silversalt）摄影

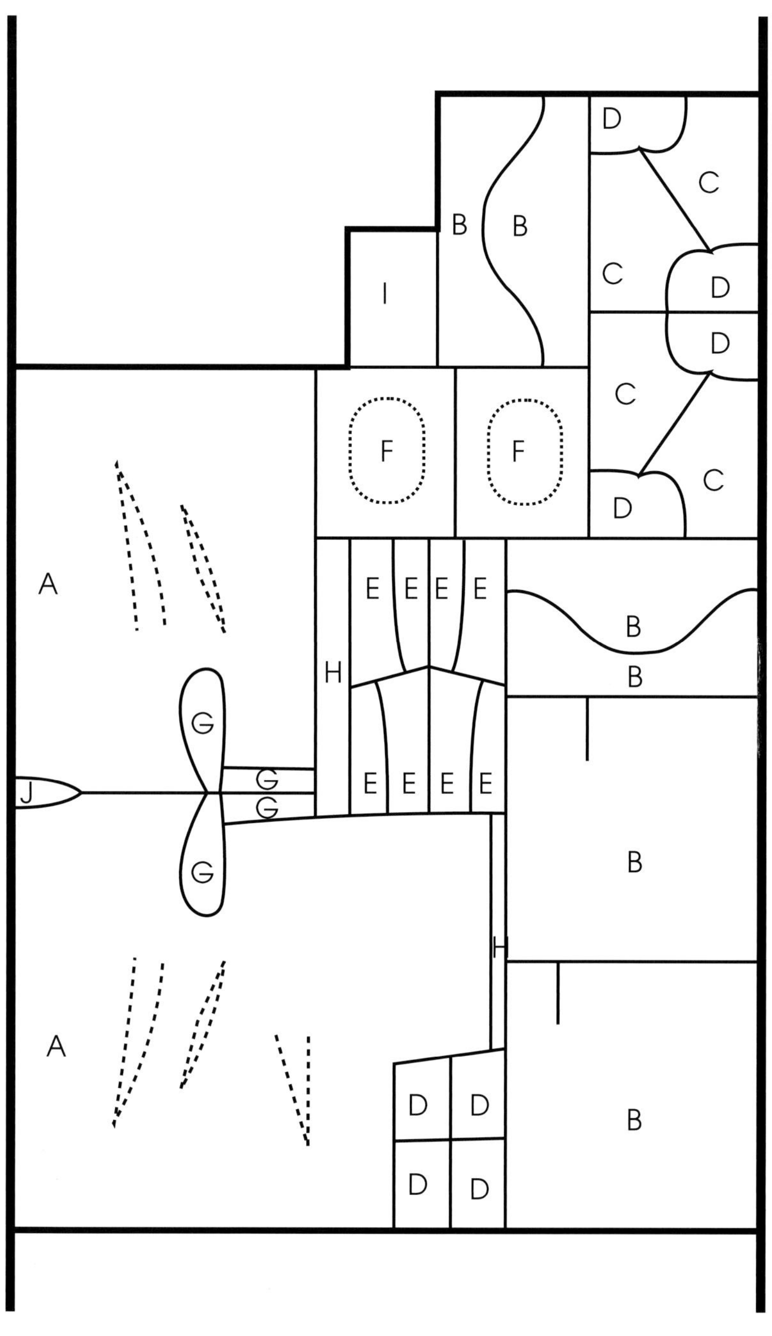

耐穿衬衫I
面料成分：100%麻
面料幅宽：135cm
面料用量：176cm

A:衣身
B:袖子（包括大袖的里料）
C:育克
D:袖克夫
E: 领子和领座
F:肘部贴片
G: 袖衩
H:腰带内里
I:背部褶子内里
J:后中心线处的育克贴片

图82
耐穿衬衫的纸样。在袖肘加固片中使用“超量”的面料，可以适应未来的修改。如有需要，还可以利用育克和领子的缝份放大衬衫尺寸。

提姆·里萨宁供稿

赫利·麦奎伦设计的驳领外套

这种两片袖设计适用于男装和女装，可以呈现为带有两片袖的驳领外套，面料沿着丝缕方向要有弹性。合身与否将取决于你所取用的样板以及在构成驳头、领子、口袋等时的负形空间的处理。麦奎伦以此为基础，设计了摩托车夹克、礼服外套、男式软结构外套以及男式和女式的驳领外套和裤套装（整套服装的纸样都嵌套在一个纸样中）。该排版运用了带有两片袖的三片式外套。

83

图83
同一款基础款驳领外套的纸样可以衍生出许多种不同的变化款式。本款将立领转变为垂褶领。

服装：赫利·麦奎伦
摄影：托马斯·麦奎伦

详细说明：

1 量出布料的宽度。所需布料宽度至少为大袖长度的两倍，包含缝份量。如果布料较宽，袖口边可以更深，以适应额外的宽度；或者利用大袖袖口边与布边之间的空间形成嵌线口袋或者其他细节。

2 将外套后片放置在中心线处，并将侧片与后片对齐，这样样板在袖窿处是相连的；旋转后消除掉接缝。如图所示，对前片与侧片进行同样的操作，旋转并消除前片肩部的省道。你可以在前片与侧片之间留出接缝，以插入一个口袋，或者稍后在其他地方加入一条接缝。测量A–B之间的距离。

3 如图所示，将大袖放置在合适的位置，使得C–D的距离与A–B的距离相等，这样袖山相邻且下摆与布边相平行。

4 如图所示，将小袖的顶部分解开（增加缝份）。小袖的余下部分可以放在后片腰部的位置。

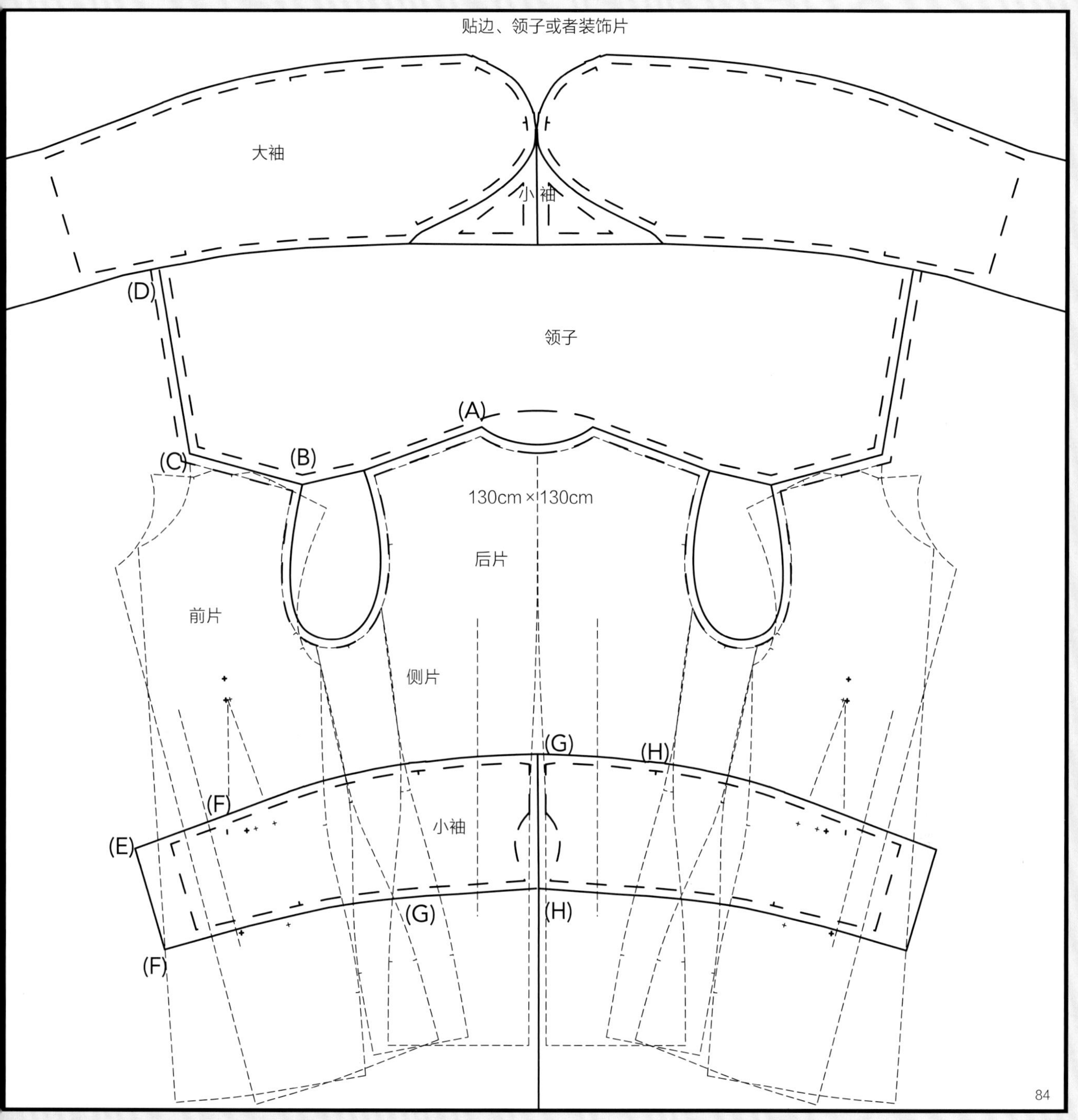

缝制注意事项：

缝合腰线时，将 E–F 与后片 G–H 重叠。

注：

大袖上部的空间可以用来作为下摆的贴边、额外的装饰细节或者领子，具体取决于想要的设计效果。外套的长度取决于布料的长度，通过调整小袖的位置可以实现不同的廓形：将其放到偏低处，将会获得较低腰线的廓形；放到偏高处，则将会获得帝国样式（高腰样式）。在一件男式外套上，将小袖的裁剪线从上至下一直延伸到布边，就可以获得一个口袋布，但这样会消除所塑造出来的雕塑造型。

图84
驳领外套的构成（两片式袖子将衣身部分横剖开来）。

赫利 · 麦奎伦供稿

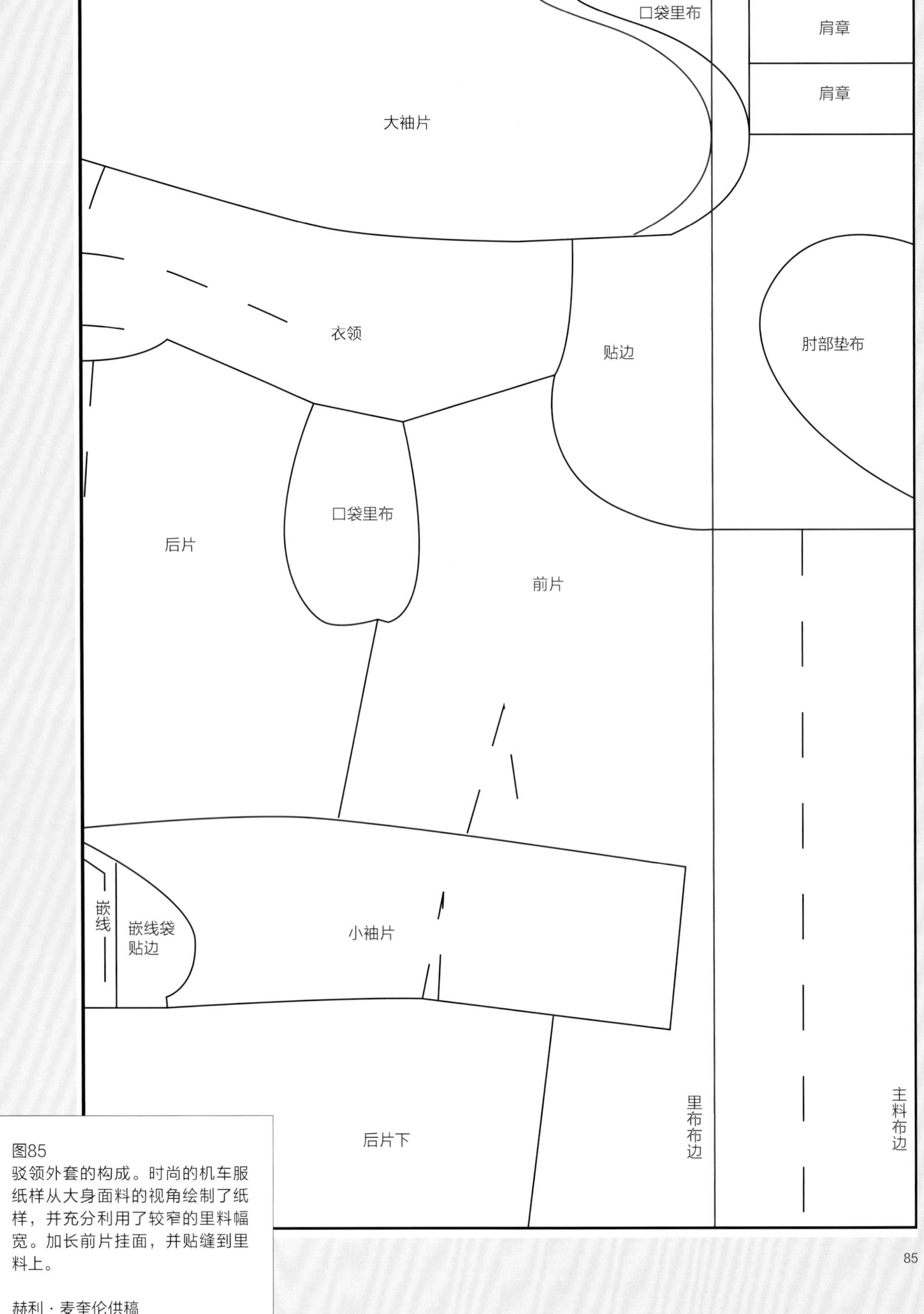

图85
驳领外套的构成。时尚的机车服纸样从大身面料的视角绘制了纸样，并充分利用了较窄的里料幅宽。加长前片挂面，并贴缝到里料上。

赫利・麦奎伦供稿

86

图86
这款机车服是从新西兰品牌“世界”（WORLD）的一件单品发展而来的。在对纸样进行重新设计时，赫利旨在保留原始设计中最核心的部分，同时实现零浪费的设计结果。

赫利·麦奎伦供稿

87

图87
来自“虚无”展的定制男式西装外套+裤子“套装”，运用非常基础的构成来制作女式西装外套。纸样是在两片式套装基础上发展而来的，并通过零浪费纸样将裤子和外套裁出来。

服装：赫利·麦奎伦
摄影：托马斯·麦奎伦

赫利·麦奎伦的纸样构成

以下的构成形制可以作为你进行实验的视觉出发点。切记一点：你唯一会犯的错误就是不去实验它！

简单款裤子的构成

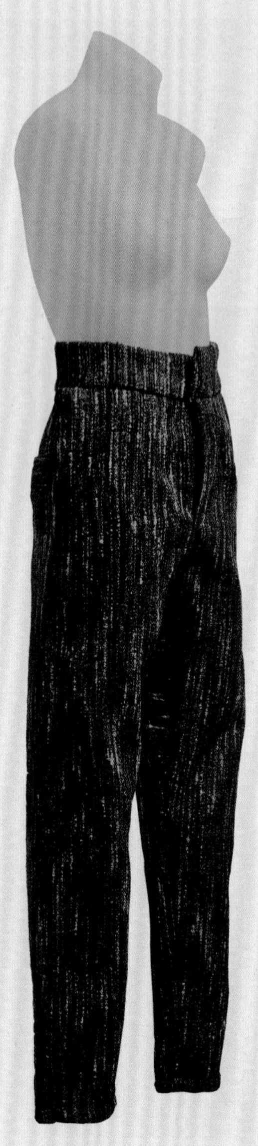

88A

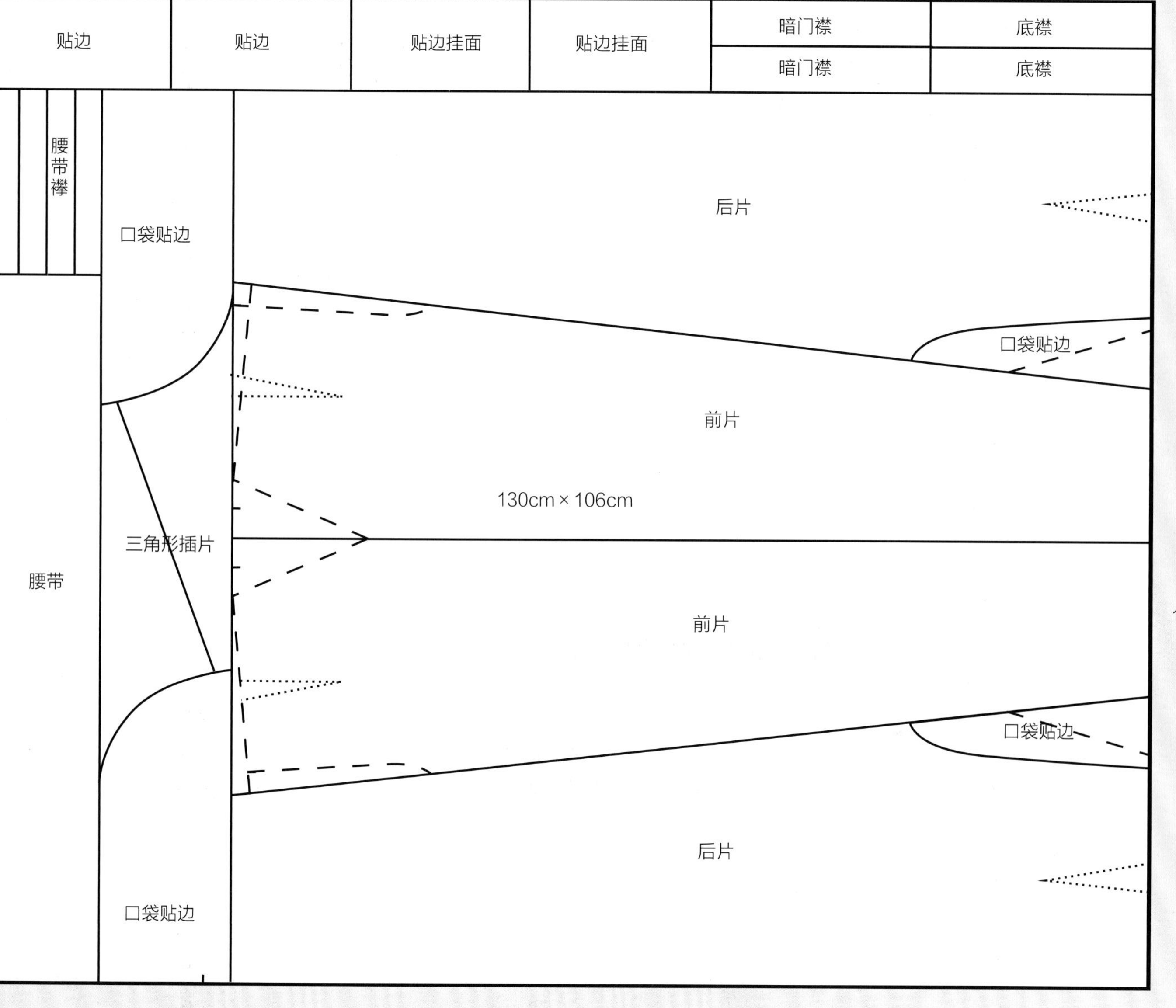

88B

图88A
简单款裤子——锥形裤。

服装：赫利 · 麦奎伦
摄影：托马斯 · 麦奎伦

图88B
简单款裤子——锥形裤。在这个纸样中，前裤片和后裤片彼此嵌套在一起，通过使用三角形插片，使得上部大腿/裆部更为贴体。前后片重叠部位越多，裤腿越窄。

赫利 · 麦奎伦供稿

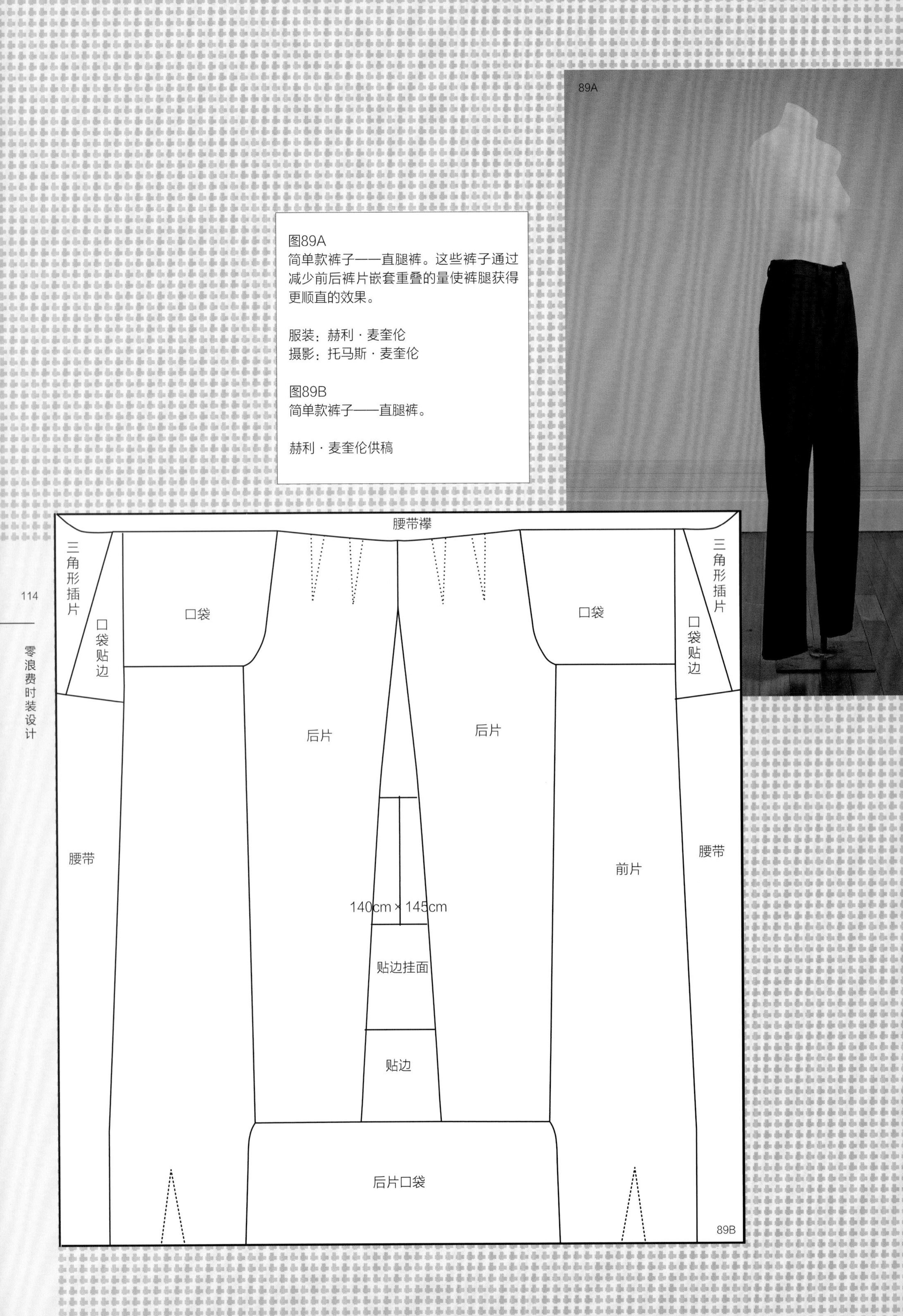

图89A
简单款裤子——直腿裤。这些裤子通过减少前后裤片嵌套重叠的量使裤腿获得更顺直的效果。

服装：赫利·麦奎伦
摄影：托马斯·麦奎伦

图89B
简单款裤子——直腿裤。

赫利·麦奎伦供稿

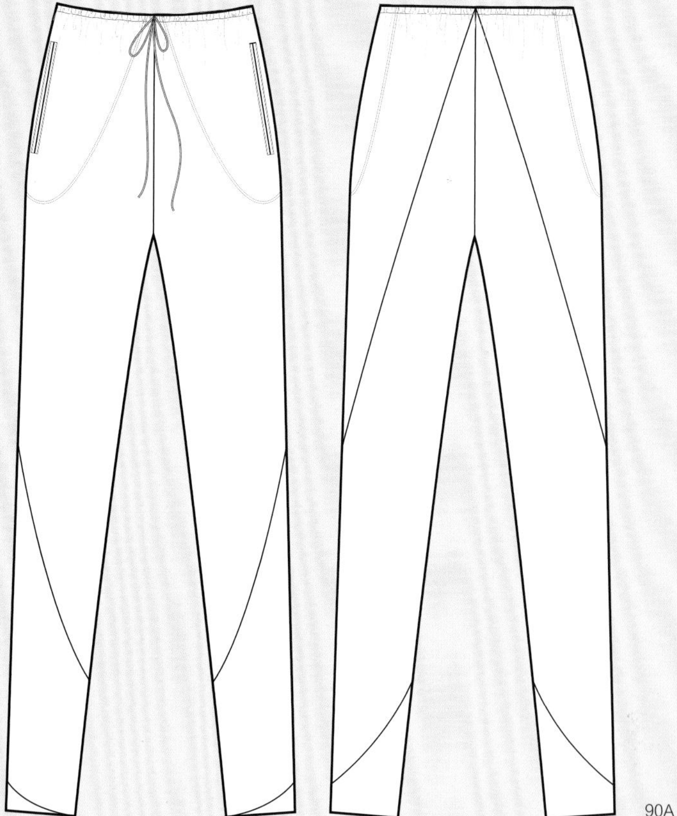

90A

图90A和图90B
基本款螺旋裤的构成。裤脚口的宽度取决于面料幅宽与对角线的尺寸差异，大腿围的宽度取决于面料的长度，腰围和臀围的宽度取决于裆缝的位置和造型及与之相应的面料幅宽，最终获得了没有侧缝或者内裤缝的传统裤型的裤子。

赫利 · 麦奎伦供稿

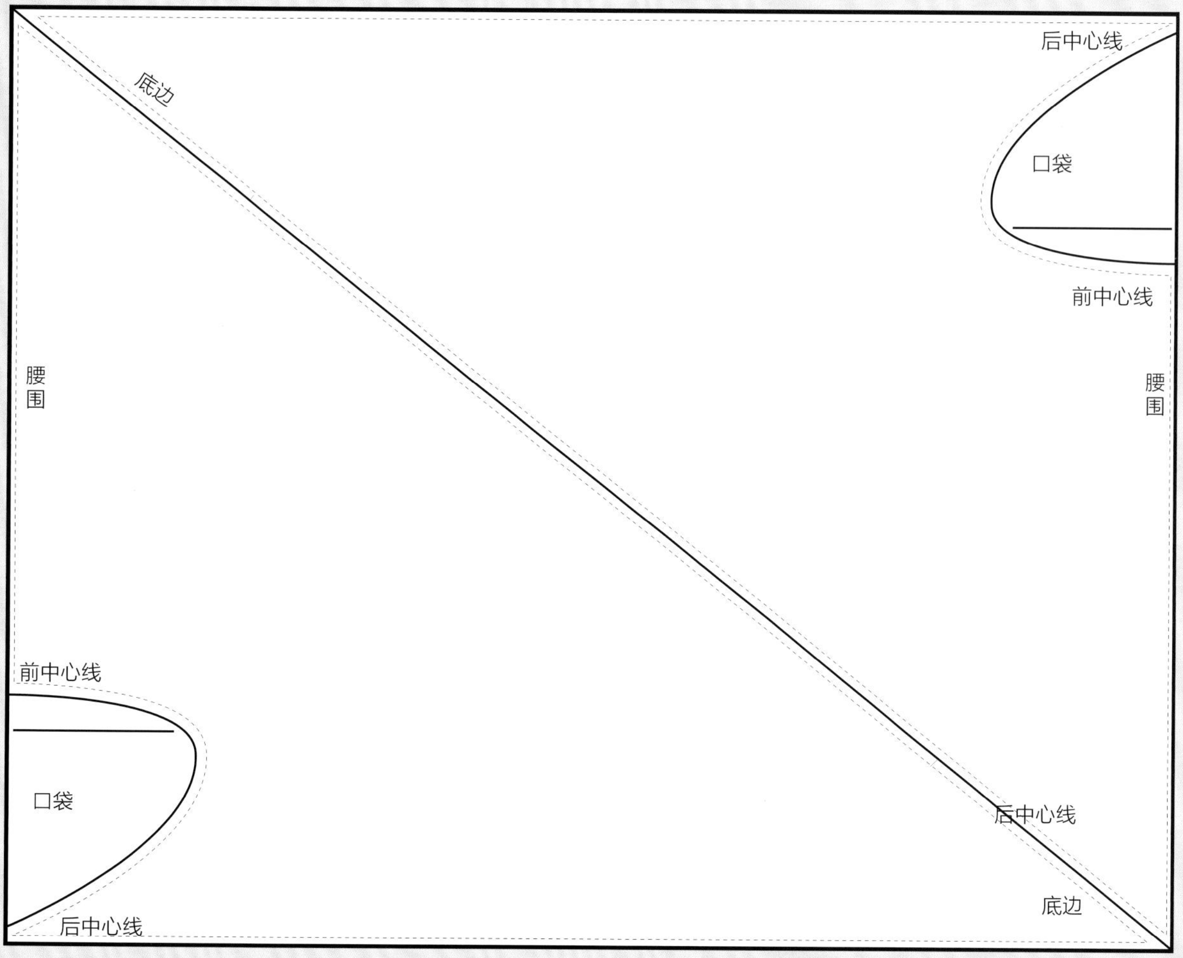

后中心线
底边
口袋
前中心线
腰围
腰围
前中心线
口袋
后中心线
后中心线
底边

90B

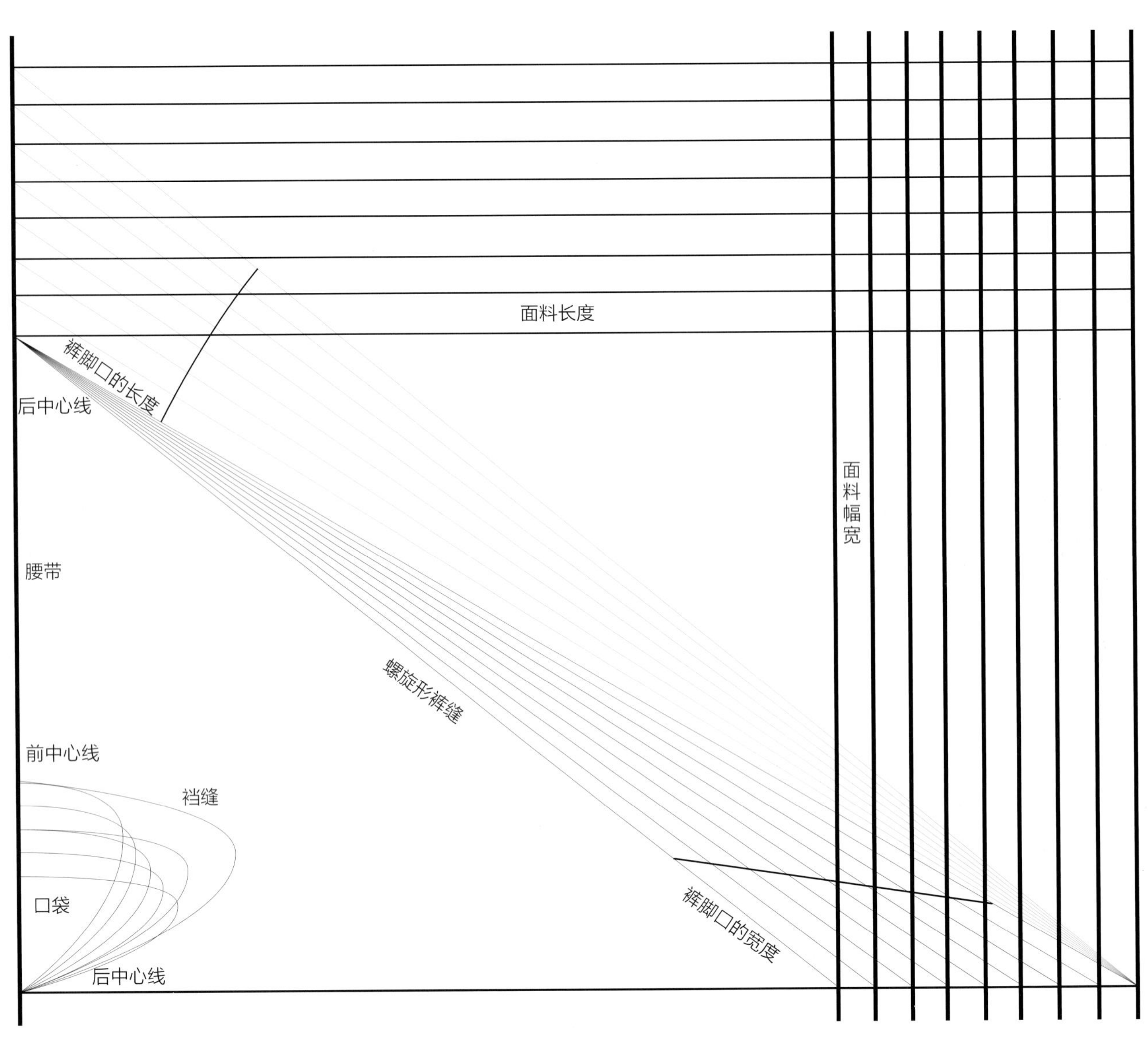

图91
螺旋形裤子的矩阵图展示出裤腿的宽度/裆缝/裤长/裤腿逐渐变窄的各种可能性。

赫利·麦奎伦供稿

图92
在一块面料的同一面，可以同时裁得两条螺旋形裤子。

赫利·麦奎伦供稿

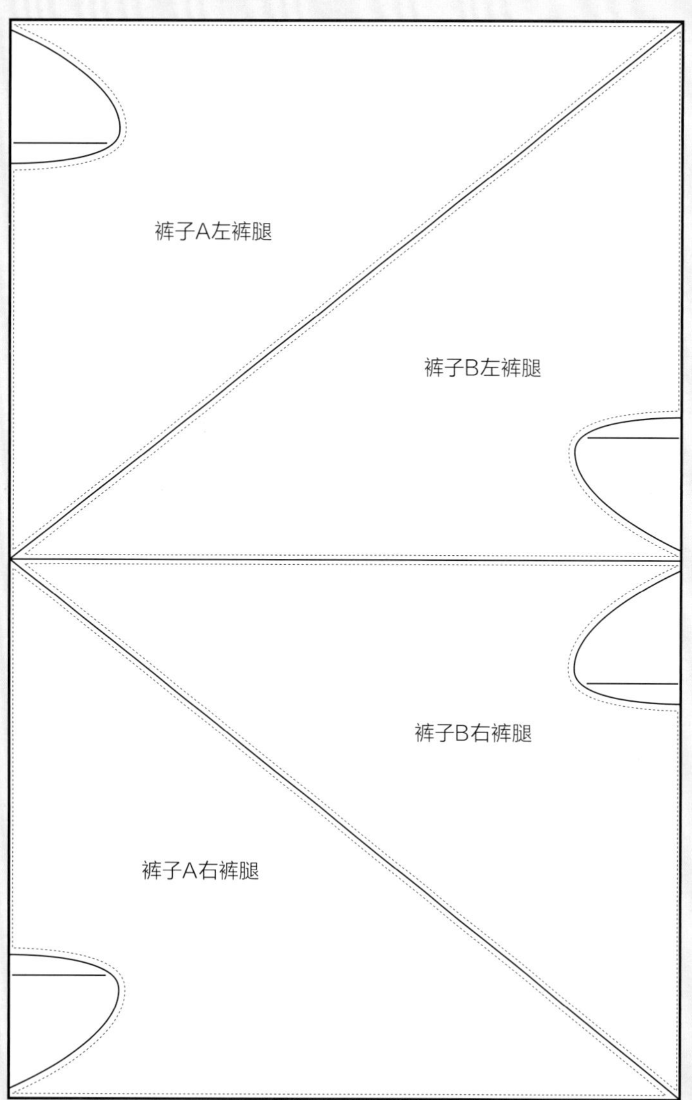

图93
螺旋形裤子的丝缕方向最初是横丝缕的，但这只有在特定面料上才能实现。同样的基础纸样可以采用如图所示的排料方式进行直丝缕裁剪。

赫利·麦奎伦供稿

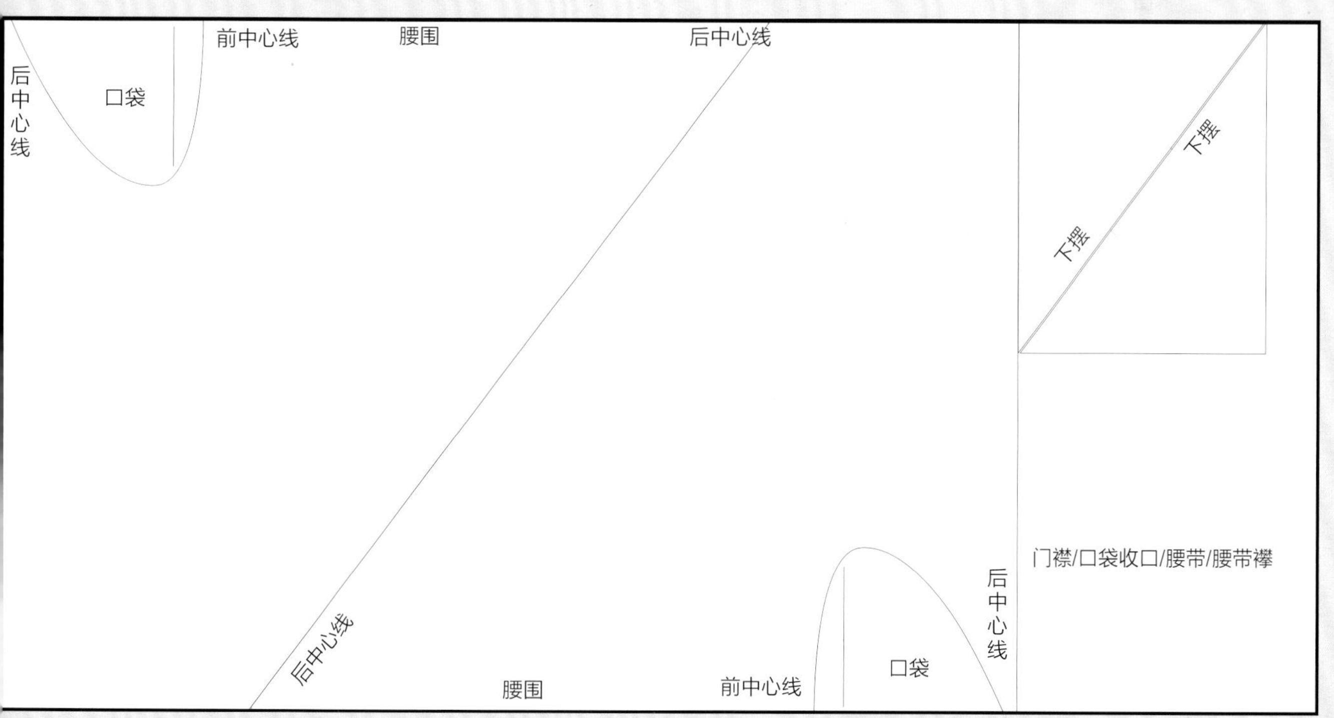

简单款几何裁剪的筒裙

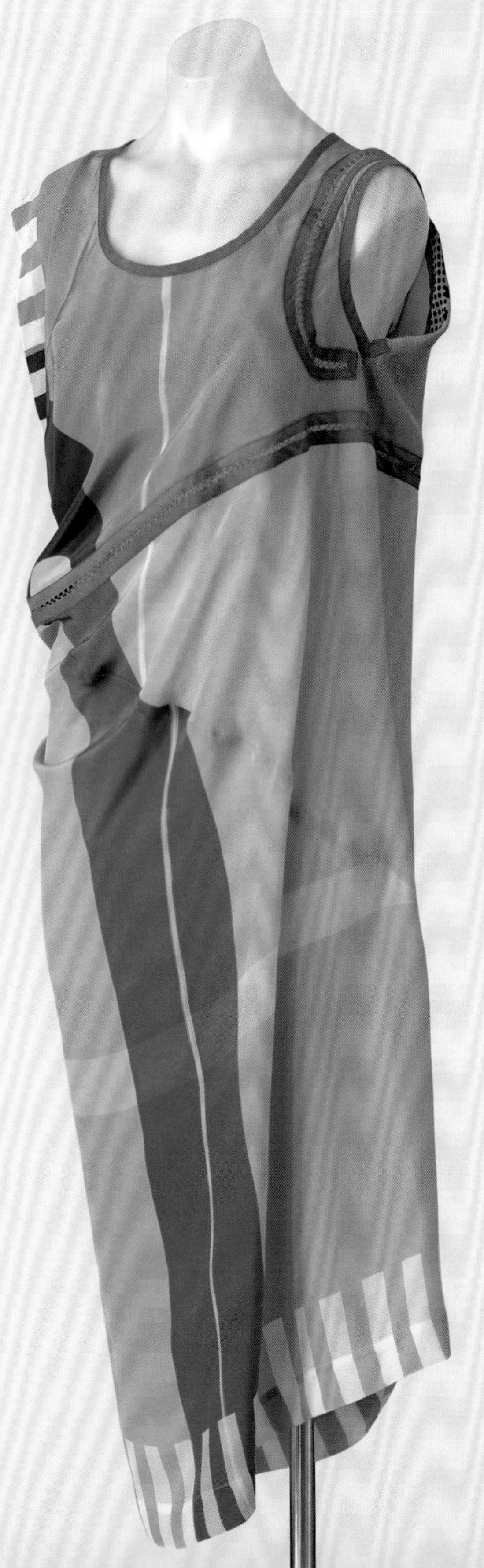

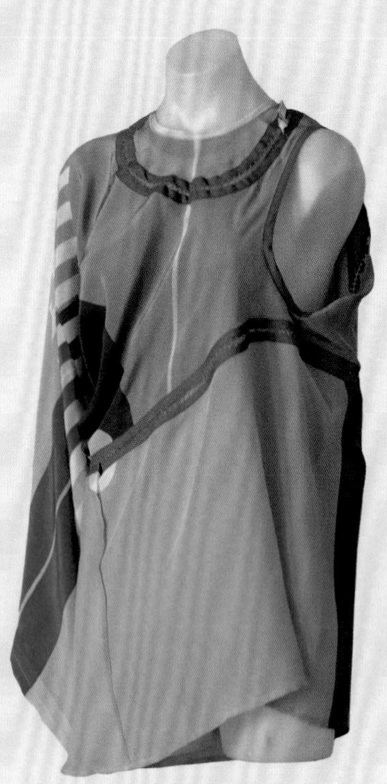

94A

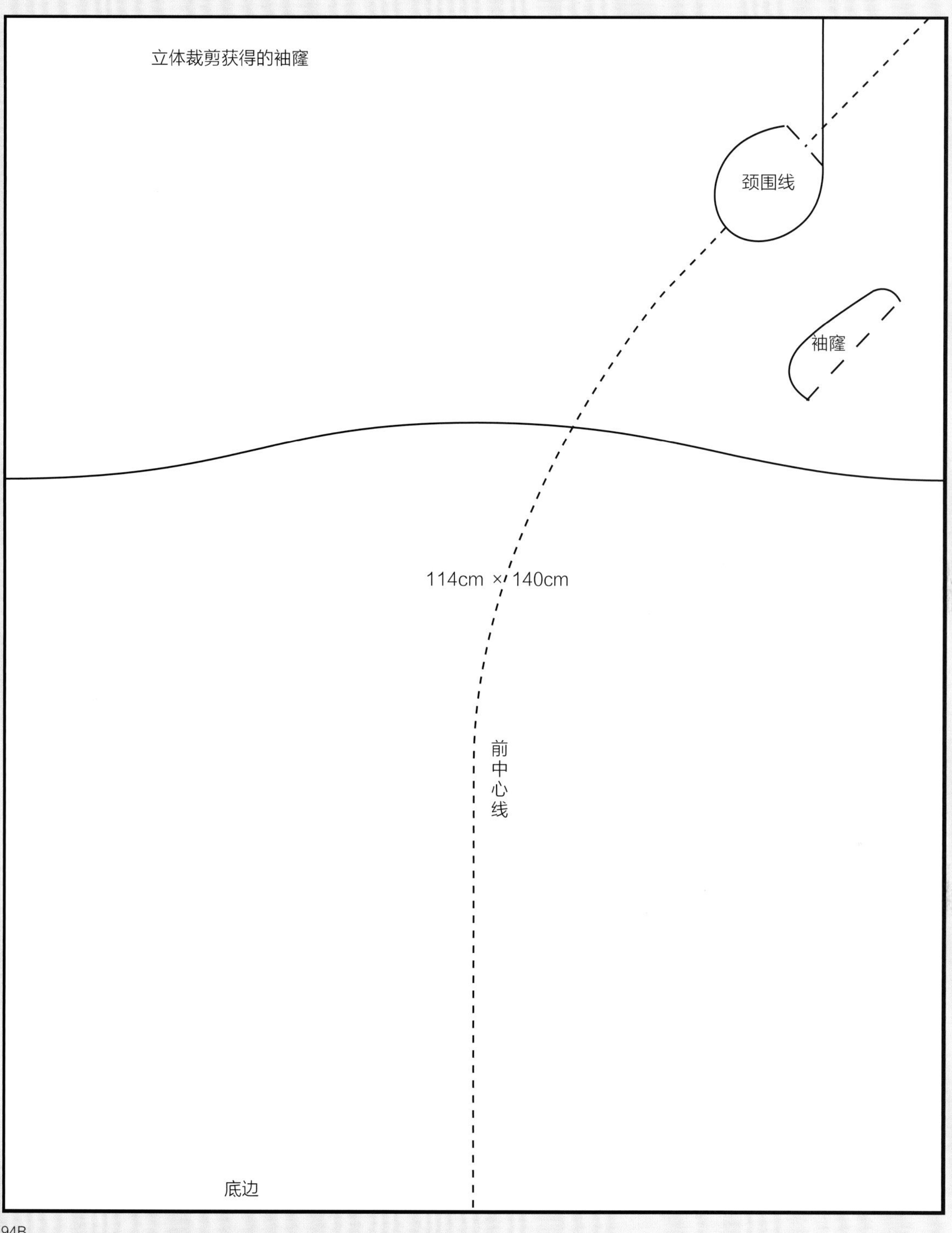

94B

图94A和图94B
筒裙纸样：通过一条简单的拼缝就可以将平面的面料转变为几何造型的筒状，以便身体可以套进去。通过将领围线和袖窿线移位，面料与身体之间就产生了有趣的相互作用。添加几处简单的几何裁剪，围绕人体调整面料的分布，就可以产生许多变化。

赫利 · 麦奎伦供稿

改造现有设计，实现零浪费裁剪

现有设计可以改造为零浪费裁剪。运用悉尼法鲁工作室设计师兼制版师阿妮塔·麦克阿黛姆（Anita McAdam）设计的扭系式和服连衣裙的一片式纸样，麦奎伦尝试制作一个零浪费版本，同时还要保持原有的设计理念。她采用易于卷曲的厚棉布（幅宽 150cm），在受到这些条件限制的情况下进行纸样的演绎变化。采用针织面料或者柔软的梭织面料表达这个设计也是可以的。面料的负形部分正好可以用来制作扭系式和服连衣裙的装饰挂里，这充分说明了纸样设计需要多么精准，尤其在要求特别适体或有特殊设计需求的地方，可以带来一种具有强烈视觉效果的解决方案，同时更加丰富了服装的廓形。

详细说明：

1 将后中心线与面料的中心直丝缕方向对齐，形成前片的延伸量/领子，类似于和服。为了适应前面的扭转，在腰部可以在前片/领子新的展开片上切展。

2 领子可以从肩部上部/颈部开始，顺着颈后部，构建起颈部的框架，与传统的和服相似。

3 为了节约面料，麦奎伦将裙子后片从上向下裁开，然后将其旋转并与裙子前片嵌套在一起。为了做到这一点，她拉直了侧缝和后中心线，并定了两个省道，一个靠近后侧缝，另一个则设置在后省道最常见的位置。裙子的整体区域会留出一定的空间，以适应在基础排料时，通过集中/扭转或者将前片的延伸量加大或者变小所带来的变化。同时，裙子的长度也可以根据制作者/穿着者的喜好、所用面料的幅宽和长度而随意调节。另外，前片和后片可以连成一片。

4 为了进一步考虑尺寸的变化，麦奎伦确保将关键的合体部位与造型/尺寸方面需求不那么精准的部位放在一起。在这种情况下，“负形区域”是前门襟的贴边，所以服装主体的微小变化不会对贴边的功能带来负面影响。

5 从和服袖子/衣身的后片获得的面料可以用来做内缝口袋（麦奎伦不喜欢没有口袋的连衣裙；对她来说，它们显得似乎太正式了）。如果不想要口袋，这一部分也可以用来作为延长前片的贴边。另外，去掉口袋，就可以从腰部裁出的部分加宽袖子。这将改变贴边的造型，但不会改变它的功能。

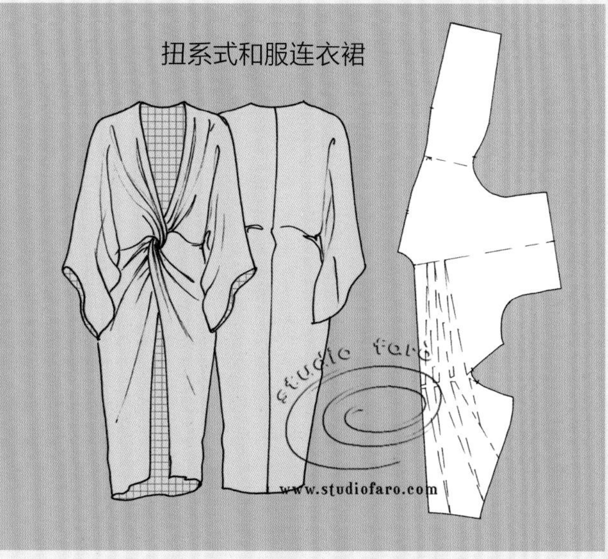

95

图95
法鲁工作室设计的扭系式和服连衣裙原型，赫利 · 麦奎伦在此基础上进行零浪费设计。

法鲁工作室的阿蒂娜 · 麦克亚当供稿

图96
赫利 · 麦奎伦以零浪费方式诠释的扭系式和服连衣裙（2014）。现有纸样所给出的负形区域可以被用作前片门襟和领部的贴边。

赫利 · 麦奎伦供稿

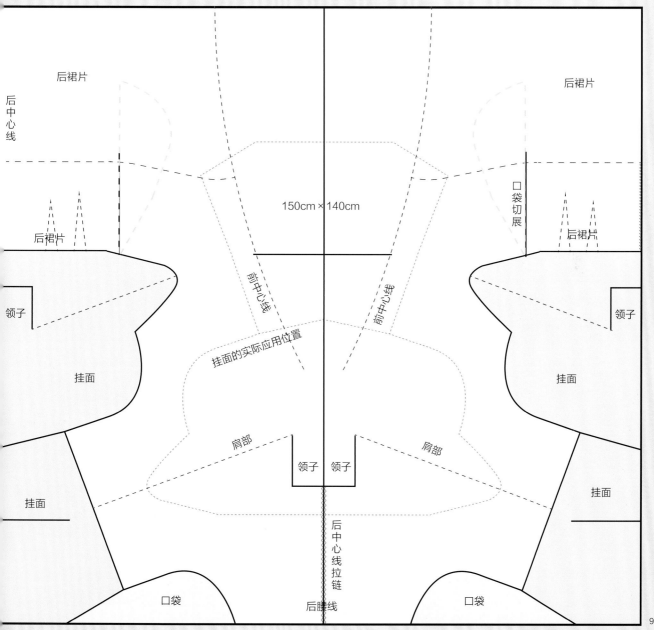

后裙片
后中心线
后裙片
领子
挂面
挂面
150cm × 140cm
前中心线
前中心线
挂面的实际应用位置
肩部
肩部
领子 领子
后中心线拉链
口袋
后腰线
口袋
后裙片
口袋切展
后裙片
领子
挂面
挂面

96

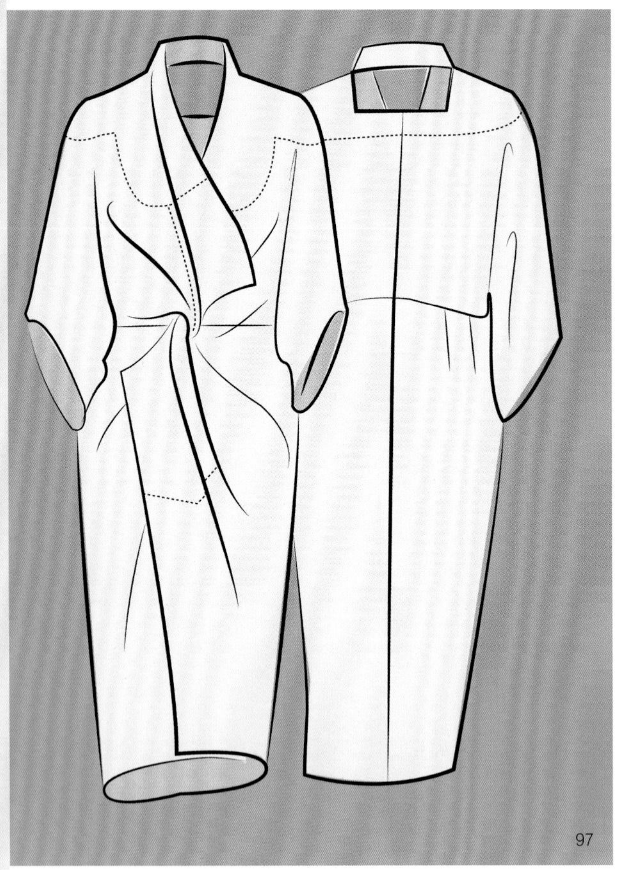

图97
麦奎伦设计的零浪费和服设计。其目标在于，在达成零浪费结果的同时，保持原始设计的核心美学和合体元素。

赫利 · 麦奎伦供稿

注：

挂面起到了收边的作用，并且其面料在肩部形成了双层厚度，因此，如果使用有一定硬度的面料，可以起到支撑圆形肩部轮廓的作用。挂面也可以被应用在服装外部，以使服装造型看起来更加硬朗。

如果面料是梭织的，且幅宽有 140cm，可以把扭系部位和/或延伸量变窄，也可以直接将纸样旋转 90°（如果面料性能允许的话）。如果是其他幅宽，可以通过改变延展量的宽度和/或扭转的量进行调节。可以通过将腰围加宽或变窄、将扭转部位转移到另一侧，或者加宽/变窄相应的臀部/侧缝处的量来调整尺寸大小。

麦奎伦在缝制这件服装时，为了改善视觉效果，主要运用了非常窄的卷边和搭接拼缝工艺；实际上，你可以根据自己的喜好使用任何工艺形式。这条连衣裙的背部有拉链，因此不需要使用针织面料。

麦奎伦关于扭系式和服连衣裙的思考

如果把纸样定为正方形，根据不同面料的幅宽对它进行调整会更简单。从面料的这条布边沿着一条线笔直地裁剪到另一条布边，然后将这条直线扭转至与基部面料的直丝缕部分（如布边）重合后钉缝在一起，从而使面料保持合适的宽度。这种方法无需使用同一种面料，因此可以在服装上拓展出不同色块或肌理的效果。该方法也使纸样推版更容易，因为面料长度不会像其宽度一样受到幅宽的限制。任何方形的零浪费纸样都可以按照上述方式来进行变化，这在工业化生产的环境下是一个有用的考虑因素，因为理论上，它可以使号型（缩放）变化更容易，也能适应不同的幅宽。

冒险的设计实践

阿卡和尼尼玛卡中有这样的说明：通过零浪费时装设计“获得精准的设计造型是……一种挑战”。长时间的实践可以使你在设计进程中拥有无限的精准度。例如，里萨宁 2007—2008 年间设计“坏狗”系列时所做的耐穿衬衫未能达到令他满意的程度。然而，他在 2009 年设计的“时尚现在”解决了衬衫的美观、精准合体以及零浪费的问题。这就是长期实践的结果，也反映出了过去的失败与成功。他在 2011 年“圆裁”项目中进一步完善了衬衫。

传统服装设计中占主导地位的设计构思工具是设计图，其目的是在打版和面料裁剪前消除不确定性。这种方法是有效的，但是也有局限性。设计图是一个命题，也是一种思索。绘制服装设计图是对其进行美学思考的有效过程——廓形、色彩、细节。然而，这并不能有效地避免服装生产过程中所产生的面料浪费。探索纸样与面料相互作用的设计图是有用的。在最后阶段解决排料问题，需要沿用传统设计思路对纸样进行排版和裁剪。按照常规的服装设计思维模式，这种做法似乎存在风险。例如，在早期某个关于“零浪费”设计的对话中，绘制设计图也许无法解决设计过程中的所有视觉元素问题。这种“风险”可能让人难以接受，然而，在设计过程中，保持思维的开放是十分必要的。

例如，打样时样衣的面料和实际生产的大货面料不同，这种情况下就需要设计师和产品团队转换思路，改变做法。这种应对挑战的应变能力，对于零浪费时装设计来说也是必不可少的。

瑞克·欧文斯（RICK OWENS）谈设计图

“设计图很漂亮，但是太不现实了，其实我不认为我真正画过设计图，这不是我的问题，是时装设计图本身显得有些过时。我曾在艺术学校学习，想要成为画家，所以我是以理解艺术的标准来看待设计图的，因此我认为时装设计图显得有些肤浅而且廉价，看起来很老套。绘制时装设计图不是必要的步骤。设计图就像幻像，像拼贴画。我不喜欢将灵感元素拼贴在一起。”

根据面料幅宽做设计

伯恩汉姆（1973 年）在对历史服装的研究中指出，在特定时期、特定文化下使用的织机类型与在该类型织机上织造的面料的幅宽，以及由该特定幅宽的面料制成的服装之间存在联系。现如今，时装设计师在设计服装时，通常不会考虑面料幅宽的问题。或许的确如此，幅宽不必成为制约因素，它仅仅是时装设计师和制版师围绕正在开发的设计进行对话的空间。幅宽是面料的本质属性，又是时装设计师做设计时的主要材料。幅宽可以成为设计创意的源泉，关于它的对话可以成为跨越时装设计与时装生产之间隔阂的桥梁。

面料有很多不同的幅宽，在零浪费时装设计中有多种不同的策略，可以灵活多变地应对新幅宽带来的问题。对于许多时装设计师来说，面料幅宽可能是一个全新的考虑因素，但只要处理得当，它也可以为设计创新带来机会。

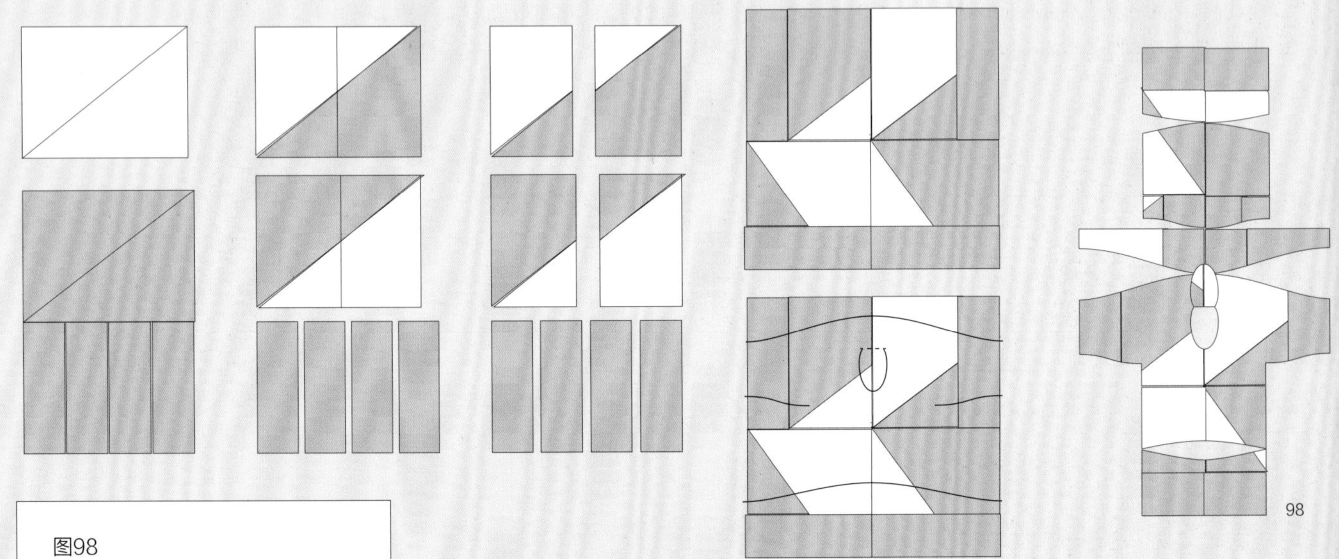

图98
几何分割的长款连衣裙由两种灰色的面料拼接而成，创造出新的面料幅宽和配色。

赫利 · 麦奎伦供稿

99A

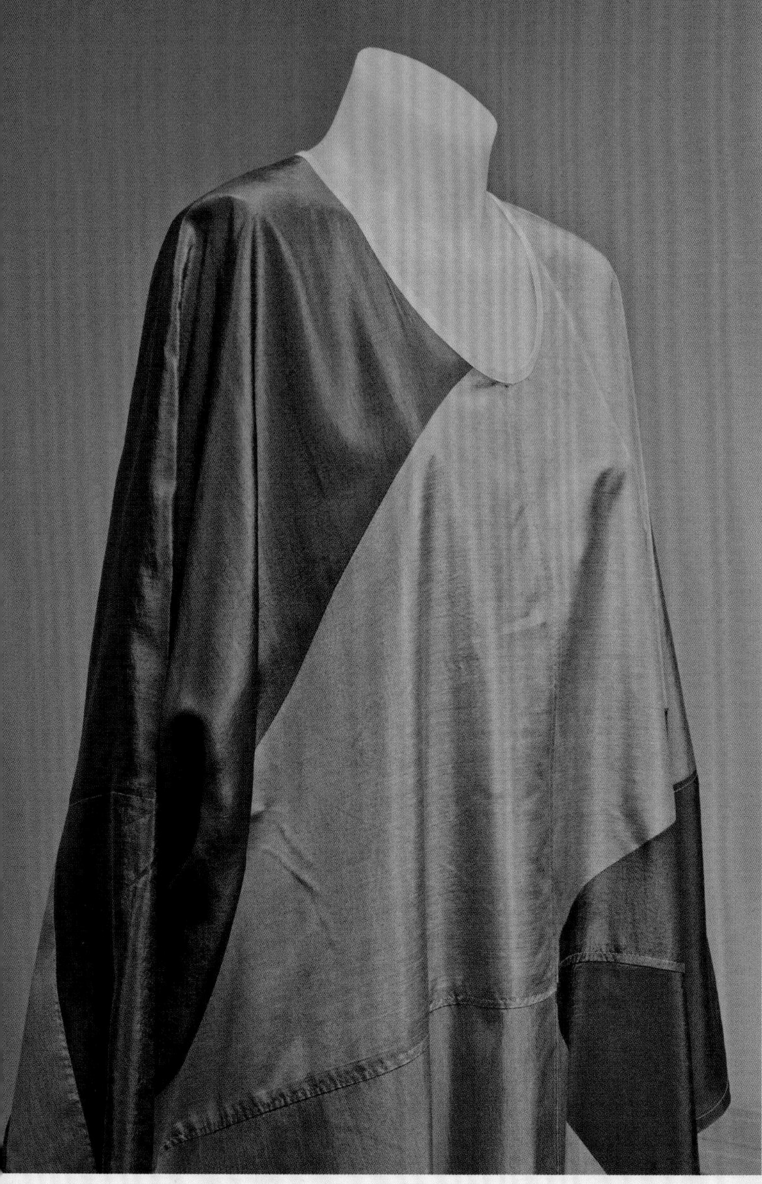

99C

99B

图99A、图99B和图99C
几何分割的长款连衣裙由两种灰色的面料拼接而成，创造出新的面料幅宽和配色。

服装：赫利 · 麦奎伦
摄影：托马斯 · 麦奎伦

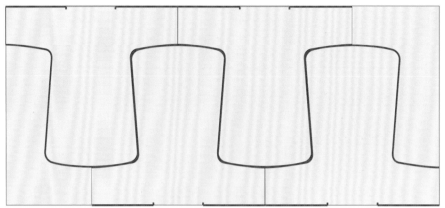

面料的幅宽决定了连衣裙的长度。本例面料幅宽为115cm。

两层聚酯纤维

红线用于激光切割

粗蓝线用于激光接缝

100A

100B

图100A和图100B
凯特·格兹沃斯（Kate Goldsworthy）博士和大卫·特尔弗合作设计的连衣裙。该设计适用于各种幅宽的面料，面料的幅宽决定了连衣裙的长度。

赫利·麦奎伦供稿

快捷路径

1 审视多纳拉·密都斯干预时尚系统的立场，零浪费时装设计能促进时尚系统的变革吗？如何促进？

2 选择本章中某件服装原型的制作说明并记录下原型的制作过程。你会如何重新设计这件服装？

3 完成原型设计后，思考针对同一款服装，不同面料幅宽所提供的不同设计创意的机会。

第四章

零浪费时装设计与 CAD

借助于数字技术，零浪费时装设计过程的某些阶段可以变得更简单快捷，这里称之为计算机辅助设计（CAD）。很明显，CAD 在纸样裁剪和排版方面是很有用的。然而，像 Adobe Illustrator 这类原本并不用于纸样裁剪的软件，也可以用于零浪费时装设计。任何技术的好坏都取决于使用的人，长时间的反复练习则是关键。

将排料作为设计活动

到目前为止，讨论一直围绕着将纸样裁剪作为设计手段开展，但是在零浪费时装设计中，排料也是设计活动中不可分割的部分。按照惯例，排料通常是在设计和纸样裁剪之后的环节，由与设计师和制版师毫无关系的人来完成，在裁制的衣片之间会形成造型奇怪、毫无用处的边角料。然而，如果将排料理解为设计活动，那么减少和消除废弃料的机会将会是无限的。在最简单的情况下，这种方法意味着为了有效利用空间可以改变口袋的造型。而在最复杂的情况下，则可以同时设计好几种服装，并不是为了应对负形空间，而是从一开始就没有负形空间了。当有数字方法支持时，这个过程可以获得更好且更为灵活的结果。

开发零浪费纸样并不一定需要运用数字技术——每位设计师的工作方式各不相同，可使用的资源也不一样。关键是要找到适合个人和公司的有效方法。

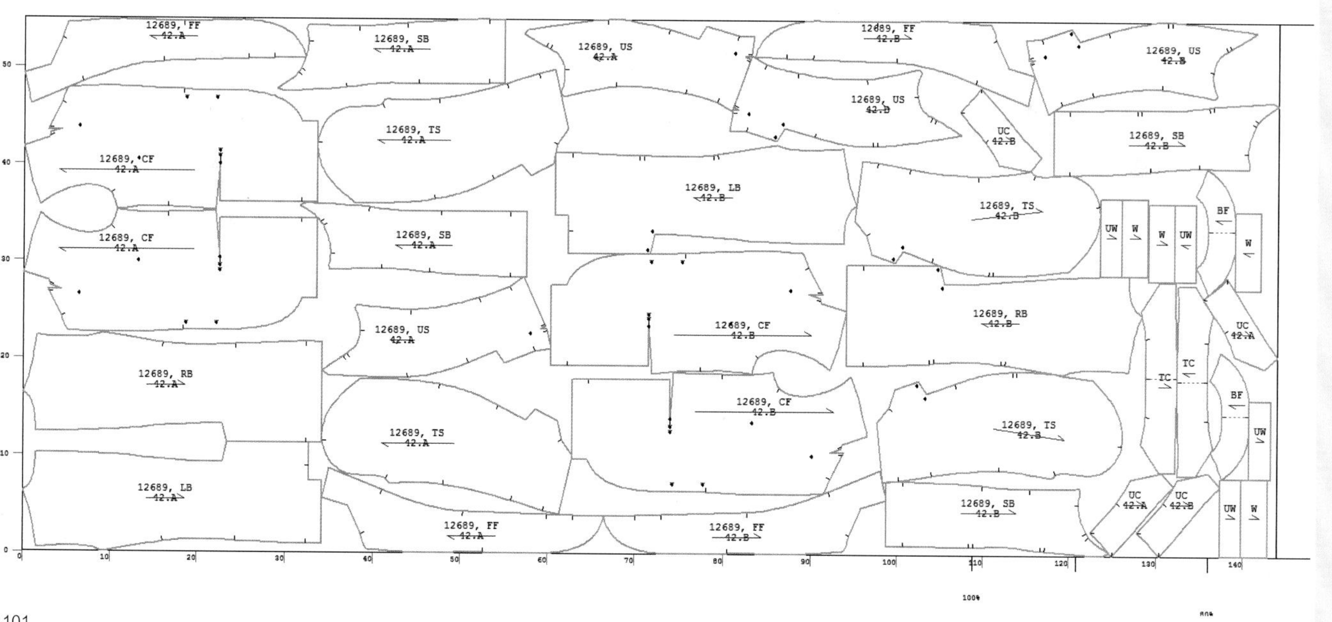

图101
从传统西装的排料图上可以看到面料的浪费。

凯瑟琳·法萨内拉（Kathleen Fasanella）供稿

数字化零浪费
时装设计的优势

利用数字化方式研发和解决零浪费时装设计，有助于实践者解决其必将面临的一系列的挑战。特别是在研发阶段，对于零浪费时装设计可能带来的大规模纸样来说，这是一个显而易见的解决方案。因为在整个设计过程中，你基本上是在研究如何排料，因此制作1/2比例的纸样或者采用数字化方式都是有用的解决方案。此外，数字化方式可以实现缩小比例纸样的打印，以此测试纸样的基本布局，而无需裁剪和浪费大量面料。样板很容易就可以复制，在需要时还可以将其分解为小块，你可以在真实比例和1/2比例之间轻易转换，也可以毫不费力地改变面料的幅宽和长度。数字化方式还有其他优点，包括：可以轻易地将其他数字化方法集成到设计过程中，如数字印花设计；数字文件既可供个人使用，也可以以数字化方式发送到某个地方。一旦你理解了CAD方法的过程和局限性，就可以轻松自如地进行零浪费服装的开发，无论是整体采用零浪费时装设计，还是将其作为一个更大的设计过程的一部分。

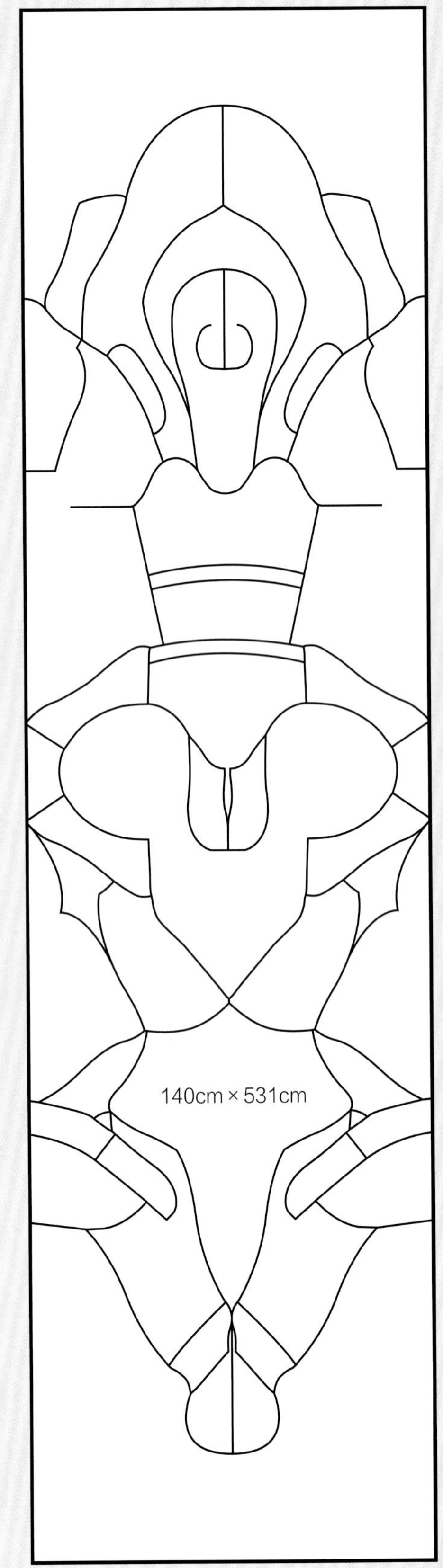

102

图102
成对套裁纸样：这个纸样有5m长，可以做出3款不同的服装：一件双面穿的连衣裙、一件上衣和一条贴身的裤子。

赫利·麦奎伦供稿

103A

103B

图103A和图103B
纸质模型也有助于促进零浪费纸样的研发。

赫利 · 麦奎伦供稿

通过CAD指导零浪费设计

具有纸样裁剪和排版功能的CAD系统有Gerber、Lectra、OptiTex以及StyleCAD。在没有这些系统的情况下，Adobe Illustrator和其他矢量图形软件也可以用作设计工具。此外，与任何工具一样，你不需要按照软件的确切功能和目标来使用它，也无需严格按照使用说明中的指令来工作。要去尝试、突破界限，还可以运用技术与人工结合的方式，在实践中找到最适合你的工作方法。因此，下面的分步指南只能作为一个起点，而且只能直接适用于所描述的特定软件。它们只是工具，而且不够完美。然而，它们是开启零浪费服装设计的有效催化剂。

麦奎伦运用ADOBE ILLUSTRATOR+ACCUMARK GERBER来进行零浪费设计

在以数字化方式工作时，我将Adobe Illustrator（简称为AI）和Gerber结合使用。我主要使用Gerber来生成常规样板：将它们导出为.dxf文件，导入AI系统，在测试纸样时，可以打印出真实比例和1/2比例的零浪费试样。我使用AI（小贴士1）开发自己的零浪费纸样，并在A4或A3纸上打印缩小比例的测试纸样，用胶带将它们剪切和组装起来，以测试基本纸样样板的用途以及由此产生的廓形。这是一种三维设计拓展的草图。

小贴士1

dxf文件可以在数字媒体之间传输，比如Gerber和AI系统。可以将dxf文件导入AI、Inkscape或其他你正在使用的软件。

小贴士2

在 AI 系统中增加缝份：

运用“选择”（select）工具，选择你想要增加缝份的线。如图所示，在前片（FRONT）进行“复制”和“粘贴”。点击“效果（Effect）> 路径（Path）> 偏移路径（Offset Path）”，添加你想要的尺寸（比如 1cm 或 10mm）。按“回车”键确定，然后点击“对象（Object）> 放大缝份（Expand appearance）”。

如果线条是封闭的（像“O”），软件会在线条外部加缝份。如果线条是开放的(像“C”)可以沿着线条/曲线的内部和外部添加缝份。当点击“放大缝份（Expand appearance）”时，就可以编辑或者删除不想要的部分。

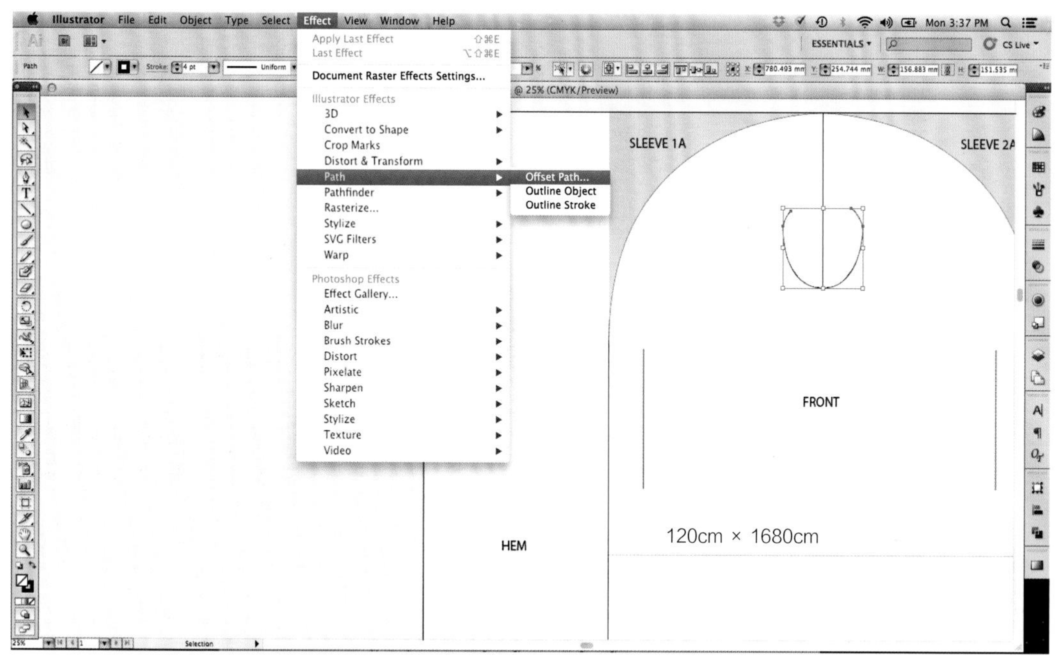

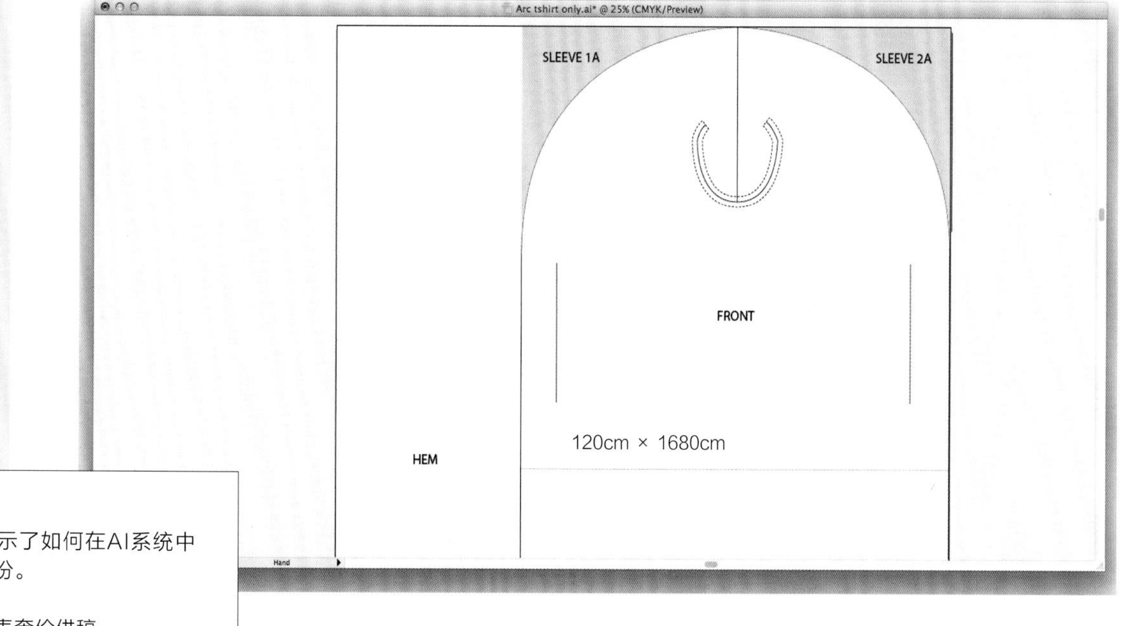

图104
截屏展示了如何在AI系统中设置缝份。

赫利·麦奎伦供稿

104

小贴士3

AI 纸样制作的基本功能：

复制
▼
选中纸样
▼
按 ctrl c 键
▼
按 ctrl f 或 ctrl v 键

镜像对称
选中纸样
▼
点击右键
▼
变换（transform）
▼
镜像对称（reflect）

分离样板 / 纸样
▼
运用铅笔工具在封闭的纸样上绘制分割线
▼
同时选中分割线和纸样
▼
在路径寻找器面板上选择分离（divide）
▼
点击右键
▼
取消组合(ungroup）

旋转
▼
选中纸样
▼
旋转工具（右）
▼
在纸样上移动旋转点到想要旋转的位置
▼
点击并拖动纸样到想要的位置

1 选择样板(服装类型——例如裤子、外套、裙子等）。根据你想要的服装类型和号型选择你想要的样板。可以扫描 1/2 比例纸样，并在 AI 中描摹下来，也可以使用 OptiTex 或者 Gerber 等系统来生成数字样板。将样板导出为 .dxf 文件格式（参见小贴士 1）。麦奎伦用的是没有缝份的样板，将根据需要添加缝份（参见小贴士 2）。

2 选择面料并精确地测量其幅宽。这便是你的设计空间，许多设计都与灵活运用幅宽有关。你可以稍加移动，但是总体设计基本保持不变。

3 将画板设置为你的“面料”，因为很容易无限延长。根据你的意愿选择做真实比例，还是 1/2 比例，这两种方法都能够顺利进行，在不同的比例之间切换也不会产生任何问题。画板的宽度应该是面料的幅宽，高度是长度。注意：你可以自行设置方向。麦奎伦的制版师告诉她，“下摆在左边！”但是在 AI 中她没有遵循这个善意的建议。

4 面料 = 画板：先设置面料幅宽，再设置长度为 1.5m 或者 2m。随着设计的进展，你可以随时将其缩短或者拉长。画板周围的区域可以用作“等待区”，存放尚未使用的纸样和排料方案的草图（很像手工裁剪的裁床）。这个区域不会打印出来，但文件可以保留下来，以备将来参考。

5 图层：使用图层更便于在整个文件中导航。

你需要为样板建立一个图层，为剪切线建立另一个图层，还有一个图层用来处理标签。

6. 导入样板。依次点击“文件 > 位置 > 样板_名字.ai”（file>place>block_name.ai）。样板是真实比例，所以如果你的 AI 文件被设置为 1/2 比例，你需要“选择样板 > 点击右键 > 变换 > 比例 >50%”（select>right click>transform>scale>50%）。

7. 规划你设计的“固定区域”。你希望最终服装的哪一部分最贴合你的身体？是否需要先按常规方式将纸样裁剪出来？这些元素构成了你设计的基础，它们可以根据你的需要放大或缩小。切记，固定区域越多，应用起来就会越呆板，设计过程就越不灵活。例如，你可以从肩部开始，将其作为更灵活的设计过程中唯一的固定区域。这里应该考虑号型，参见第五章关于规格的内容以及本章关于推档的内容。

8. 设计。在画板上放置所有需要固定的样板和纸样裁切，这样就有了负形空间——纸样之间的空间——开始形成令人感到舒服的形状。考虑将固定区域放置在那些尺寸精准且造型并不那么重要的区域旁边。像泪滴和曲线这样的形态都很好，形状笔直的部分也一样可以很轻易地融入其他服装部件（口袋、挂面等）。麦奎伦避免用废弃物来做装饰，她更喜欢用“宏观”方法来进行零浪费纸样制作。但这取决于你的整体设计美学，如果你喜欢装饰，那就去做吧。

9. 移动样板，将它们剪切并展开，创造新的设计，如果有需要，延长面料的长度，直到你充分利用整个面料的幅宽，无论长度最终是多少。

10. 先在 A4 纸上打印纸样，再将纸样剪下来，并用胶带粘贴起来，初步检验一下整体设计，看看是否合身，是否按计划执行，这一点是很有用的。可以根据需要进行修改。

11. 将 AI（.ai) 文件以 .dxf 的格式导出。使用 Accumark 中的数据转换使用程序（Data Conversion Utility)导入(参见小贴士2)。在 Gerber 系统中作为单个纸样打印出来。如果你有一个 1/2 比例的人台，可以以纸质模型作为指导，做一件 1/2 比例的坯布样衣。请记住，1/2 比例的坯布样衣和真实比例的样衣效果并不完全一样，但仍然为真实比例的服装提供了可靠的指示。必要时，可根据需要进行修改。以 1/2 比例作为指导，将最终服装缝制出来。

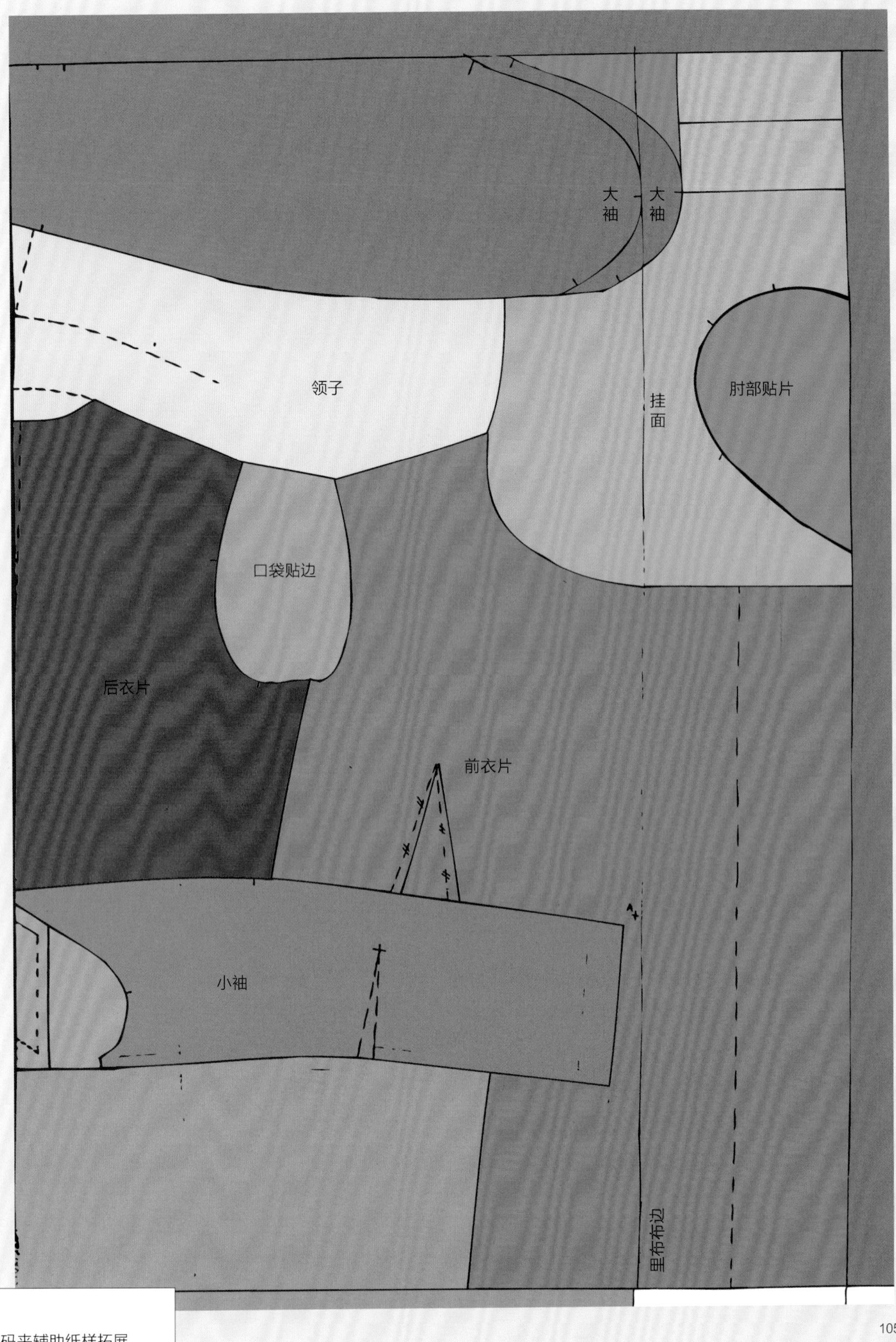

105

图105
运用色彩编码来辅助纸样拓展。

赫利·麦奎伦供稿

需要考虑的事情

设计可以是对称的，也可以是不对称的——有时将一部分设置为对称的，其他部分设置为不对称的，是因为这有助于整体排料和最终的服装设计。

注意：在“零浪费”时装设计中，纸样上设计的每一条线都有两边。你要对这条线的两边进行设计，而且在你缝制的时候，剪刀剪开的两边面料都是有用的。

考虑一下，当选定的面料缝制成你想要的形状时，它会有怎样的表现。切记，只要两者的周长相同，你就可以在缝制时用任意形状填补空隙。

记住，布料是柔软的，而且会受到重力的影响，它会从身体的各个部位悬垂下来。

要特别注意接缝，尤其是像袖山、帽子和袖窿这样的部位，这些部位的合身度是非常重要的。在许多部位，缝份并不那么重要。用你的常识来找到哪些部位是重要的（通常是与人体最贴合的部位）。

用不同的色彩来标注不同部位的裁片，让裁片更一目了然（如袖子用黄色，衣身用红色等）。

推档和CAD

传统的服装纸样推档是在设计和纸样裁剪过程完成后进行的。如果目标是所有号型都实现零浪费设计，那么用传统的方式进行推档是不可能的。号型较小和较大的纸样不可能像原始号型那样实现彼此嵌套，因此，在开发“零浪费”服装时，应当从一开始就考虑这一目标。在对不同号型的纸样彼此嵌套进行零浪费设计时，麦奎伦通常利用CAD系统生成嵌套式推档的号型，从而为固定区域（与合体度相关的）与灵活区域的纸样的相邻排列提供了清晰的视觉指导。这一点将会在第五章进行进一步的探讨。

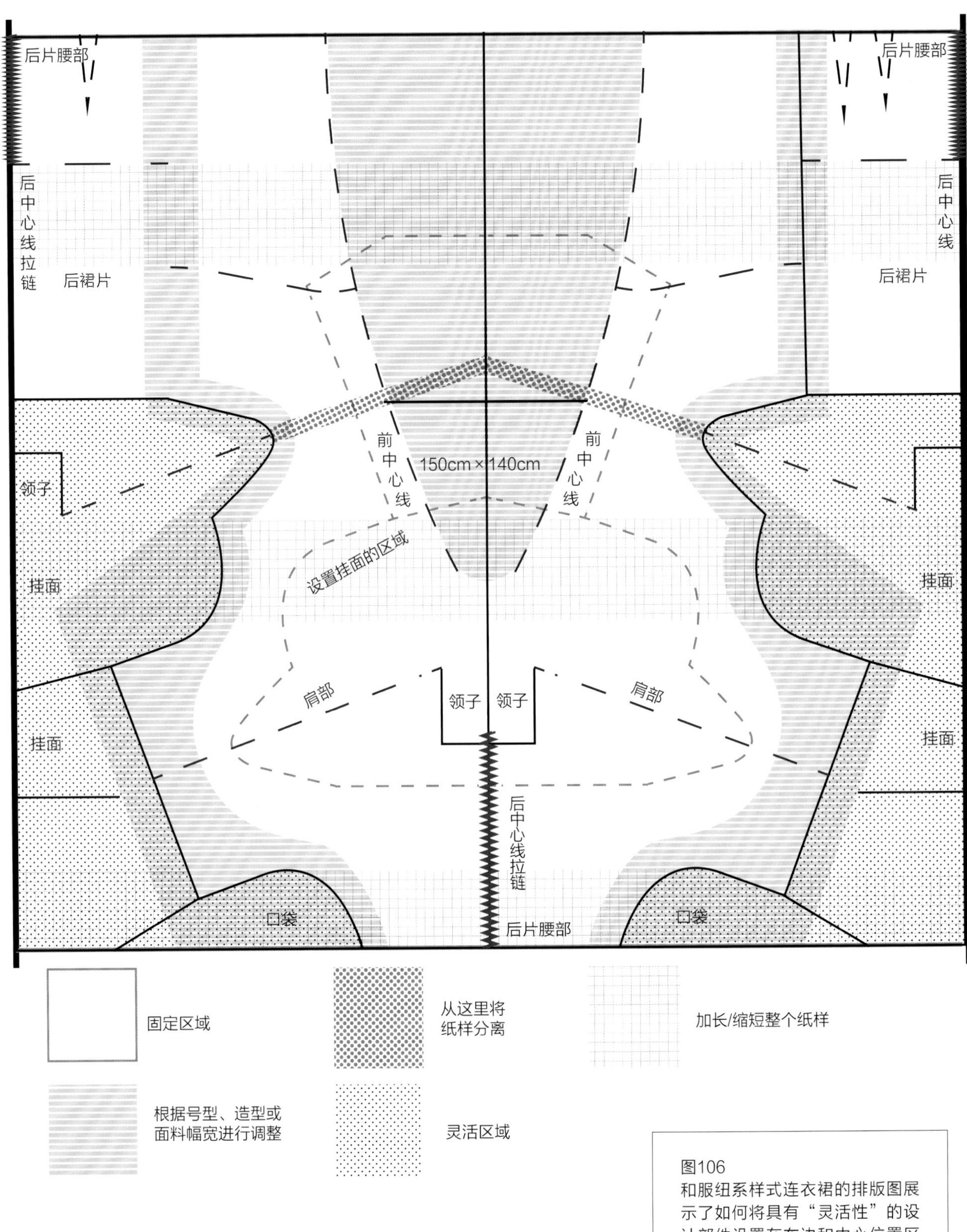

图106
和服纽系样式连衣裙的排版图展示了如何将具有“灵活性”的设计部件设置在布边和中心位置区域。

赫利 · 麦奎伦供稿

图107
幅宽120cm版本的和服纸样，保持了基本的造型、合体度和最初的设计细节。

赫利 · 麦奎伦供稿

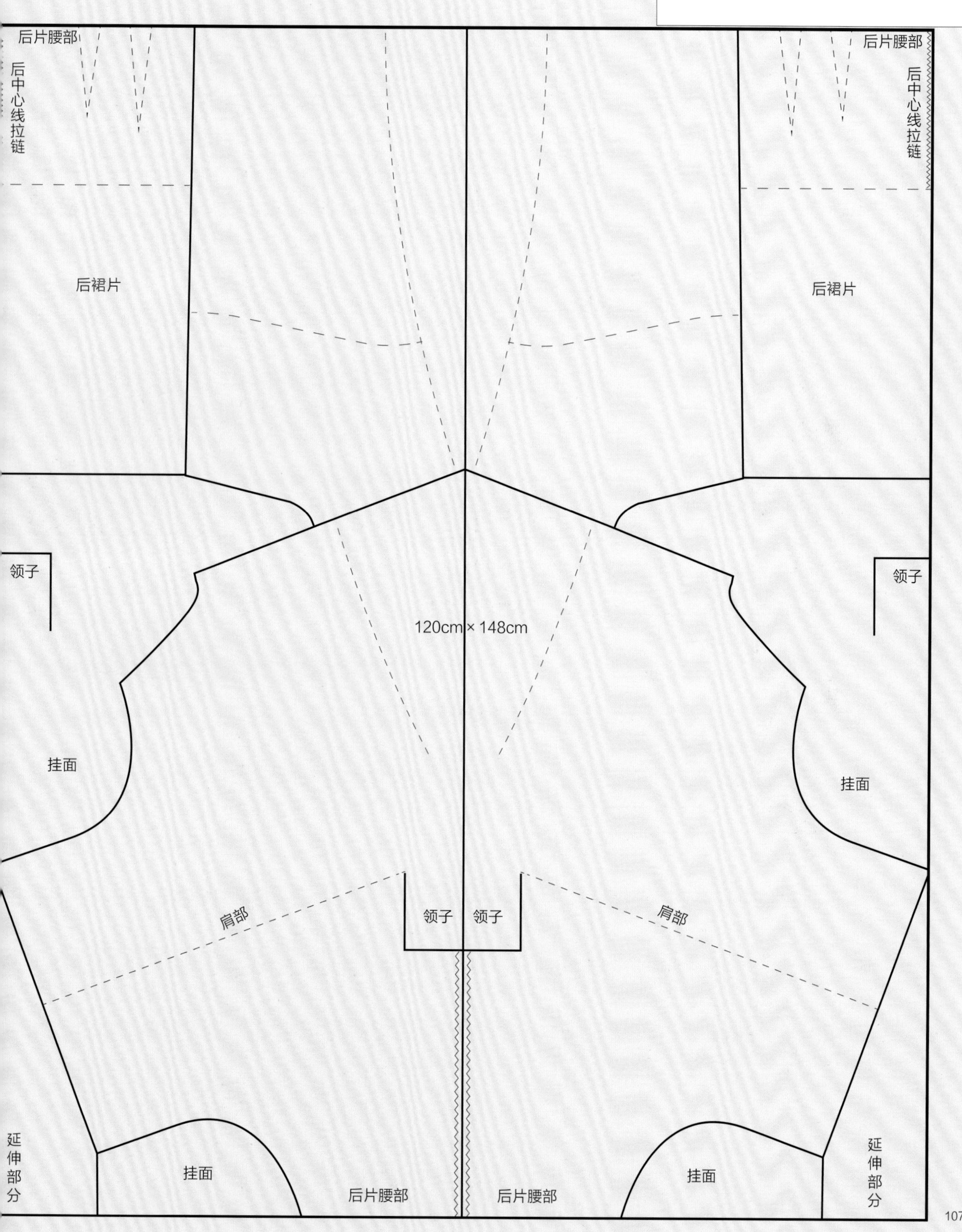

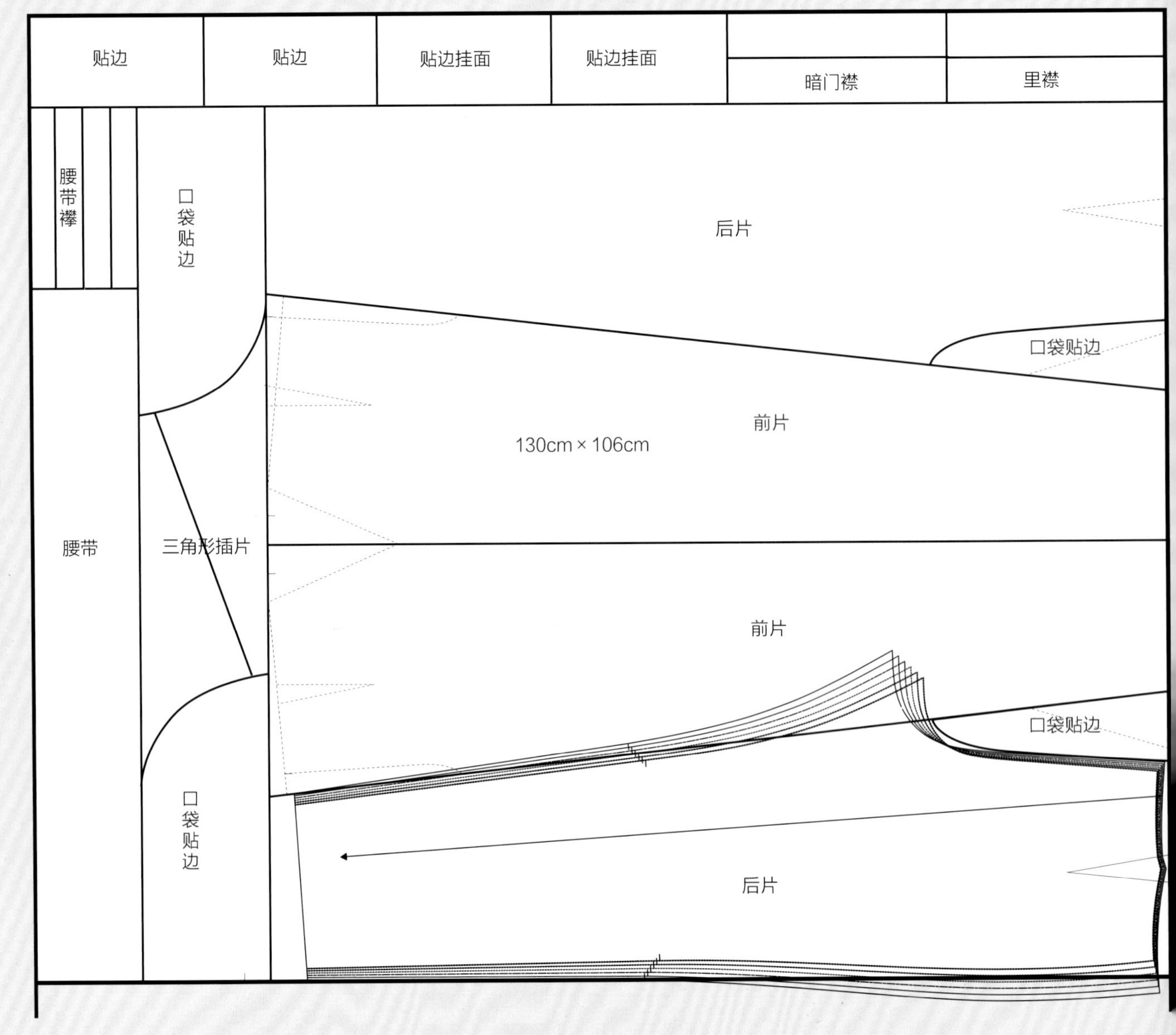

图108
运用嵌套式推档开发的零浪费裤子纸样，通过加长裤片所用的面料长度即可适应每个号型的裤子增加的宽度。

赫利 · 麦奎伦供稿

结合数字化技术

数字化纸样切割技术在服装设计（无论是否为零浪费）中的一个关键优势是它很容易与其他数字化技术相结合，如激光切割、纺织品印花以及数字化刺绣。激光切割零浪费纸样可以对衣片进行精准裁剪，每一刀都会形成两条边。零浪费设计的纸样形状可能不同寻常，需要在结构技术上有更多的考虑；然而，通过使用合成面料（涤纶、尼龙）结合热熔边技术，或者使用数字化刺绣的方式来完成复杂的纸样形状，可以缓解这种情况，同时增加服装的美感。数字化纺织品印花可以在织物表面同时生成衣片和纺织图案。

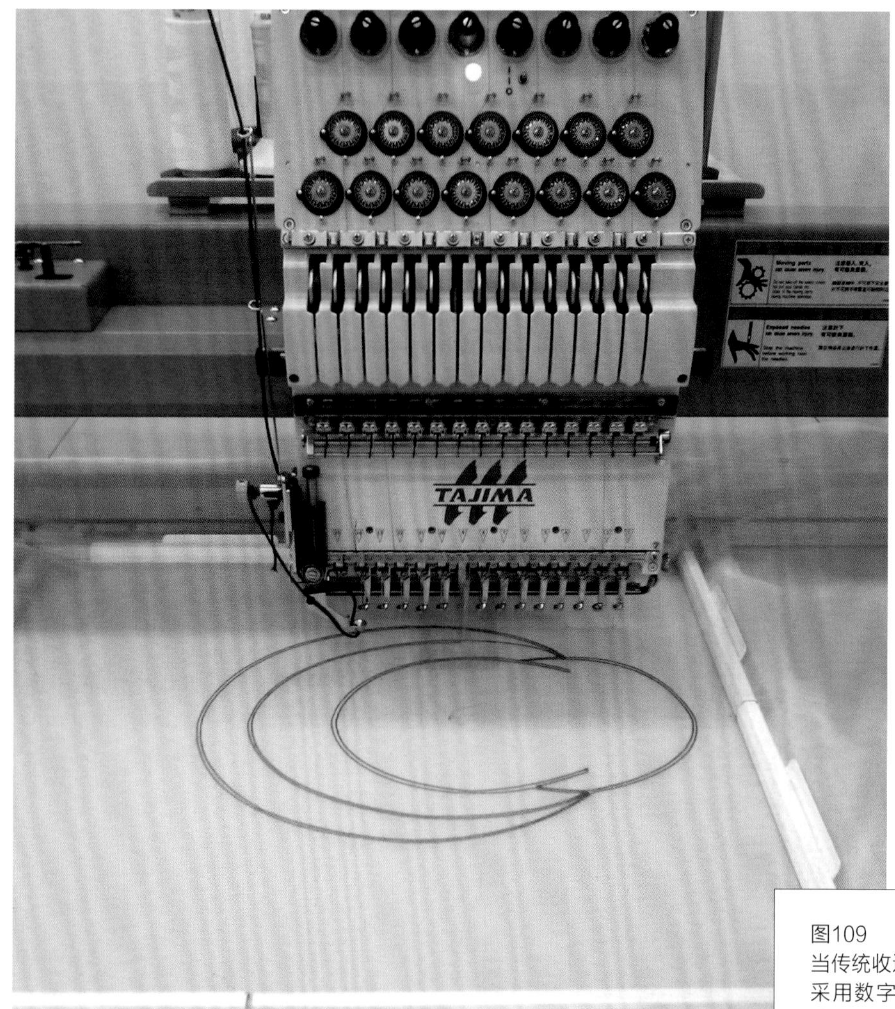

109

图109
当传统收边方式较为困难时，可以采用数字化刺绣技术来为服装收边。

格瑞塔·曼兹（Greta Menzies）供稿

“零浪费”和数字化纺织品印花

Twinset 融合了时装设计与纺织品设计，是通过研究数字化纺织品设计和零浪费时装设计的交融而开发出来的。该设计结合了赫利·麦奎伦对零浪费时尚的研究以及吉纳维芙·帕克尔对数字化纺织品印花的探索，是通过交流与回应的交互过程演变而来的。

Twinset 将连衣裙、背心和裤子融合为一个独立的零浪费纸样，探索了在一个纸样中嵌入多种服装的可能性，同时也揭示了数字化印花给这种方法带来的优势。这些服装看起来是由迥然不同的面料制成的，但实际上是由同一块面料制成的。这种方法为零浪费时装设计提供了更大的灵活性，能够对过程进行更多的控制，同时能够确保以可持续的方式为消费者提供选择。

这个设计的起点是修身裤，弧形的插片采用斜丝缕裁剪，可以使其便于运动。这些都是用传统方式裁剪的纸样，使用数字化纸样来实现理想的苗条美感。裤片的纸样铺设在面料上，创造出的负形空间成了裙子和背心。这种方法对一个设计的某些部件进行一定程度的控制，还在设计过程中融入了麦奎伦设计其他服装样式的流动性，实现了合体与饱满、传统与创新之间的平衡。

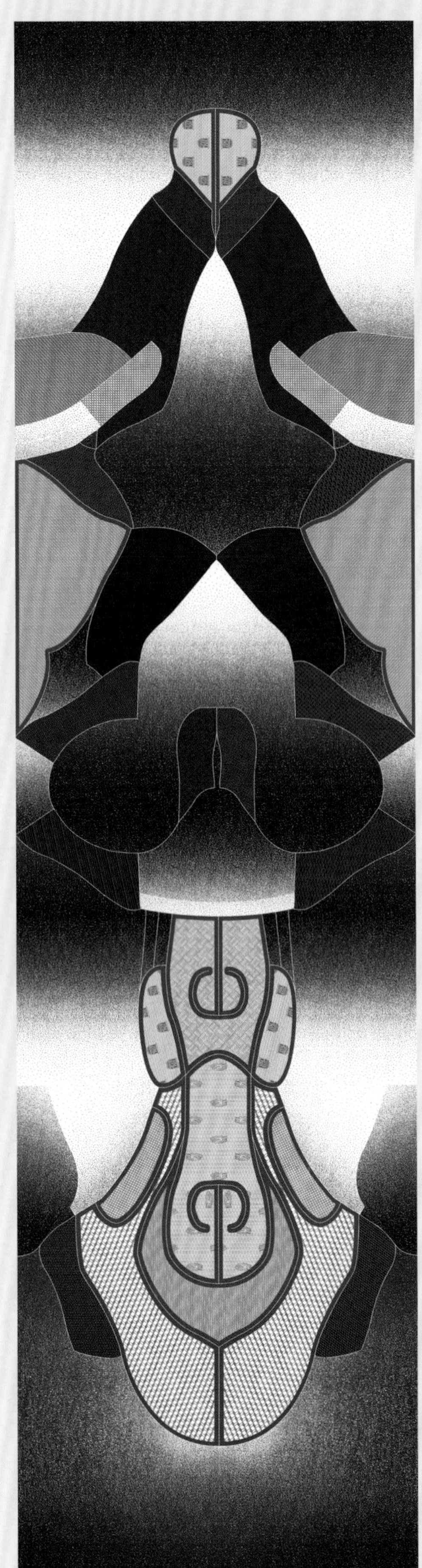

110

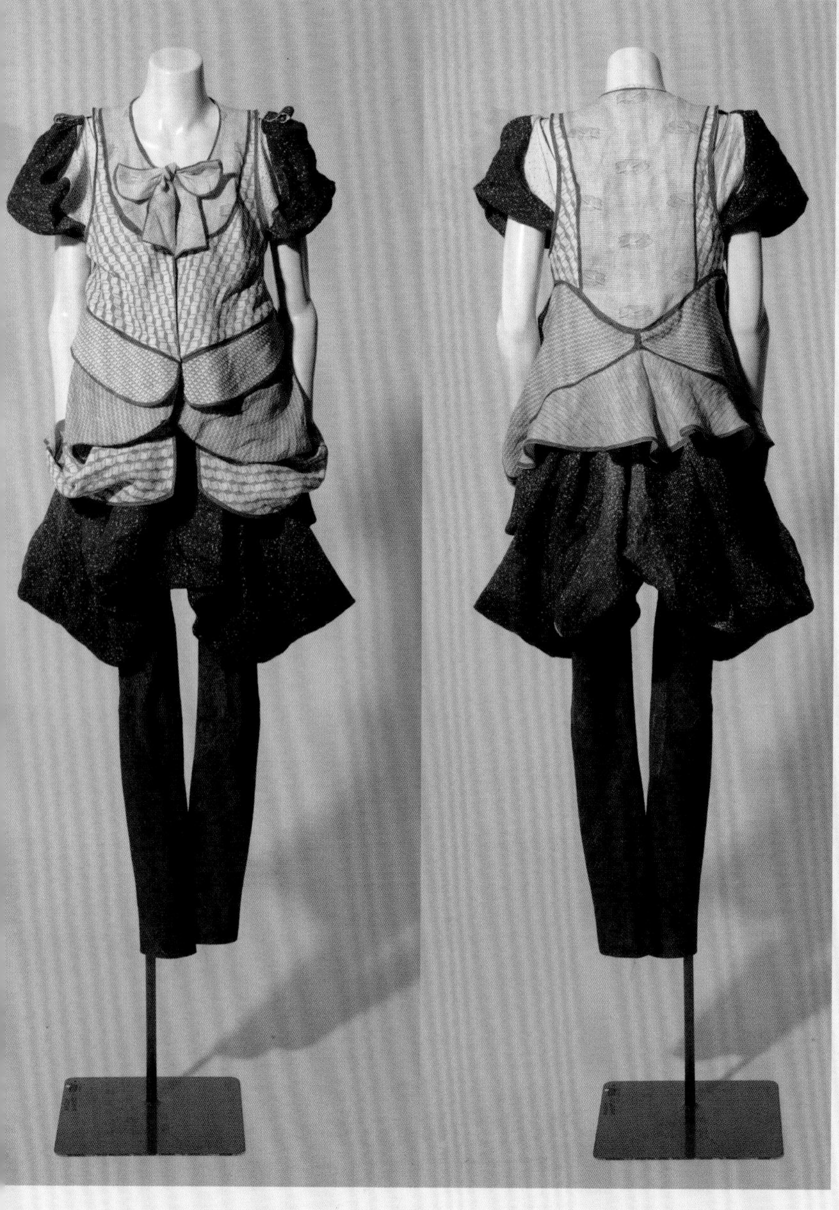

111A

111B

图110
数字化纺织品印花可以在一个单款的零浪费纸样上形成不同面料和色彩的外观效果。赫利·麦奎伦与新西兰纺织品设计师吉纳维芙·帕克尔合作设计了这款100%亚麻服装。

吉纳维芙·帕克尔、赫利·麦奎伦供稿

图111A和图111B
这三件服装都是由相同的数字印花纺织图案制成的。该打印设计既适合三维服装设计，也适合二维零浪费纸样。

摄影：托马斯·麦奎伦

访谈：朱利亚·拉姆斯丹

朱利亚·拉姆斯丹（Julia Lumsden）是一名新西兰时装设计师，她在梅西大学（Massey University）完成了设计硕士学位，探索了CAD软件（特别是Gerber Accumark纸样服装设计系统）在“零浪费”男装设计中的应用。

+ 请给我们介绍一下你的背景，还有，你是怎样开始学习服装设计的？

我在新西兰的汉密尔顿长大，从小就喜欢各种各样的手工艺，7岁就开始制作手缝泰迪熊了。我第一次使用缝纫机是在高中的纺织课上，在这些纺织课上我学习了各种纺织工艺和使用家用缝纫纸样来制作服装。我将各种家用纸样的元素结合起来进行设计。我的各学科成绩都很好，但我更喜欢和擅长纺织，因此我申请了惠灵顿梅西大学的设计学学士学位。四年的学位制教育似乎为我对缝纫的热情提供了一个出路，同时也提供了学术上的挑战。

+ 你什么时候开始探索“零浪费”时尚的？你开始以这种方式来设计的动机是什么？

在本科学业的最后一年，我完成了一篇独立的研究论文，研究了Gerber纸样设计软件的修改功能。通过这项研究，我开发了一种以它作为设计工具的方法。修改菜单通常用来修改现有的纸样以适应个人的尺寸，这个过程有时被称为“定制”。我选择测试以这个程序作为设计工具的方式是使用相同的功能来修改纸样，这样就可以充分利用面料，我称之为“为面料量身定制”。我在一件男式外套的纸样上测试了这一工艺，得到了令人赏心悦目的效果，利用率为93%。我继续尝试，在这个过程中拓展了对最终系列的想法和设计，并且又拓展了五个外套纸样。在排料阶段，纸样的利用率为93%~97%，通过进一步的纸样拓展，这些外套的利用率达到了100%。我将纸样设计的操作过程转化为一种设计创作的方法。通过处理，纸样达到了最佳利用率，使外套呈现出独特的设计美学。

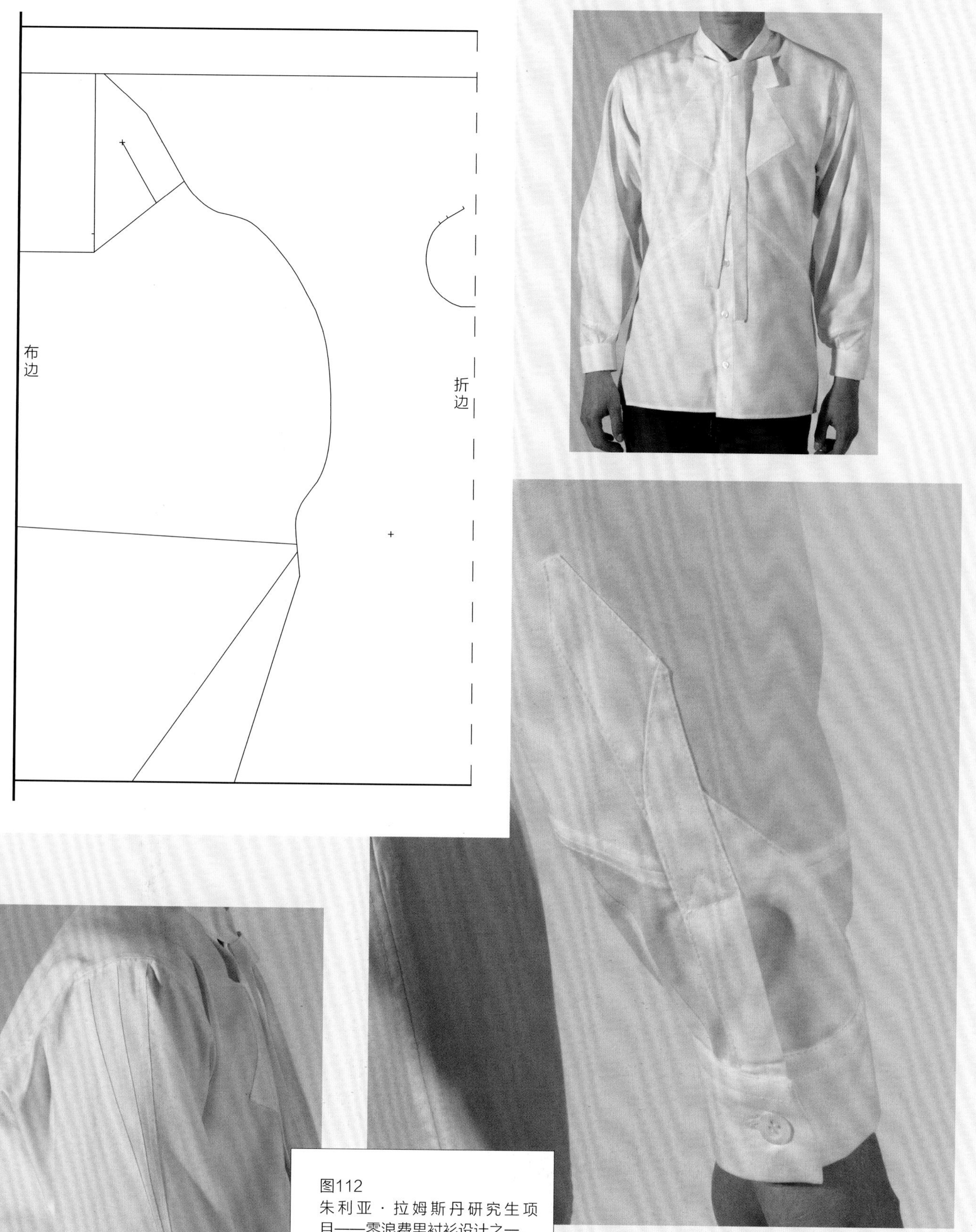

112

图112
朱利亚·拉姆斯丹研究生项目——零浪费男衬衫设计之一。

朱利亚·拉姆斯丹供稿

+ CAD（你运用的是 Gerber 软件）和零浪费设计之间的关系如何？在这些规范下工作是否让你感到挑战 / 兴奋？

首先选择使用CAD。通过平面制版，我学习了制版的基础知识，然后学习了 CAD。在整个学位攻读期间，我一直使用 CAD 和平面制版。然而，一接触到 CAD，我就立刻对它产生了偏爱，数字存储的速度、准确性和井井有条的控制都吸引了我。我之所以选择零浪费设计，是因为我对 CAD 的偏爱。在我看来，零浪费设计是由 CAD 所提供的高效、准确和可转换性的补充表达。

我在攻读硕士期间遵循的主要规范，是对具有古怪细节设计美学的极简主义定制男装保持真诚。在 CAD 中应用到零浪费纸样的转换是丰富离奇、瞬息万变的细节的来源，这是我的设计美学不可或缺的一部分，这是使设计过程令人兴奋的原因。

+ 你认为企业可以从你的本科和硕士期间的作品中获得什么启发？

在硕士论文中，我感兴趣的是能否通过 CAD 设计，以零浪费为设计规范，成功地创造出结构化、定制化的男装。通过我的论文，我开发了一系列应用于常规样板的技术，可以为一件有结构的服装创造零浪费的纸样，在这里以衬衫为例。有一种叫做“拼接”的技术，就是把较大的样板切碎，以便将它们更有效地排列在面料上。这将创造出新的设计思路，增加服装的审美情趣。这项技术能够达到很好的效果，因为原始样板只需要做最小的变形即可。然而，在这个过程中，号型和推档的问题变得更加明显了。为了做出不同的号型，我不可避免地要回到原始样板，在原始样板的基础上进行推档，然后重新应用零浪费技术。这是一个可以通过 CAD 进行优化的领域。这项工作让我开始质疑时尚产业中广泛存在的可持续性问题。对我来说，高级定制是可持续时装设计的未来，能制作人们想要的、完美适合他们的服装，而不是批量生产不太合适的、人们可能永远不会穿的服装。CAD 有巨大的潜力使定制服装的打版和裁剪更高效。

+ 对于那些想要开始探索零浪费时装设计和CAD软件交叉运用的人，你有什么建议吗？

对于寻找零浪费时装设计技术的人来说，CAD 是一个奇妙的、潜力无限的设计工具。要带着开放的心态去使用 CAD 进行设计，不要对最终结果抱有太多先入为主的想法，给自己一些清晰的设计规范，有助于你全神贯注投入工作中。

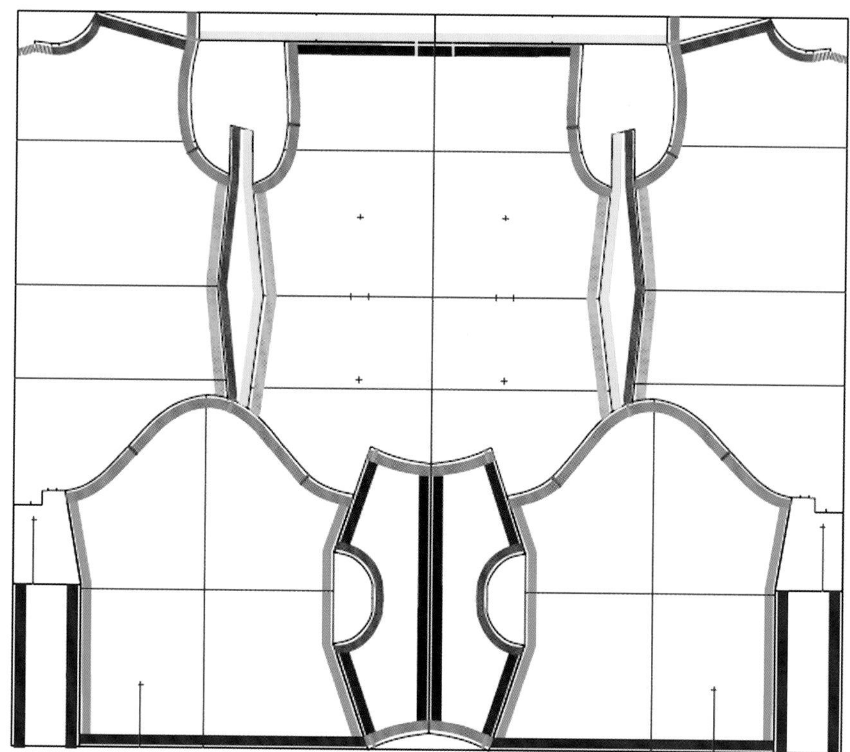

113

图113
拉姆斯丹运用数字化纺织品印花设计的衬衫。

朱利亚·拉姆斯丹供稿

114

图114
拉姆斯丹的衬衫设计运用数字化纺织品印花，展示了每一个衣片如何与其他衣片连接，从而构成这件衣服。缩水问题变得很明显了（请看领子），因此，如果使用数字化纺织品印花的话就需要考虑这一点。

服装：朱利亚·拉姆斯丹

快捷路径

1. 考虑一下自己的设计实践和技能：如何充分地利用你现有的专业知识来实现零浪费时装设计？

2. 使用 Adobe Illustrator 或 Inkscape（一种开源的免费软件）完成本章的纸样教程。这样的练习会给时装设计带来什么机会？

3. 如何运用激光裁剪、数字化刺绣等技术丰富你的零浪费设计实践？

第五章

零浪费服装的生产

零浪费时装设计可以成为一种催化剂，促使时装设计与时装生产之间的关系更加紧密。当设计师开始考虑消除面料浪费时，现有的时尚体系就会产生新的挑战。本章将审视这些挑战，并将其作为重新构想整个时尚体系的机会。例如，零浪费时装设计需要重新思考创建服装号型范围的做法。面料是制作时装的材料，如果想要做到面料零浪费，也是对时装设计提出的挑战。

图115
黛布·卡明（Deb Cumming）和尼娜·维夫（Nina Weaver）设计的这款连衣裙采用激光切割在毛毡面料上打孔，让原本硬挺的面料变得柔软、有垂感。

黛布·卡明供稿

116A

116B

图116A和图116B
黛布·卡明和尼娜·维夫采用激光切割的毛毡连衣裙，利用创新的纸样结构和切割技术拓展出一种只需要稍加缝合就能穿着的一片式服装。

黛布·卡明供稿

时装设计与时尚制造业

研究表明，在零浪费时装设计中，制造业内的某些传统做法，比如推档和排料，都是设计的组成部分。零浪费时装设计可以促进时尚系统中的层级结构的转变，对设计和制造都可能产生积极的影响。

服装设计和制造中的劳动层级分工起源于19世纪末，查尔斯·弗雷德里克·沃斯（Charles Frederick Worth）建立的实践做法。沃斯是第一个现代意义上的时装设计师，他确立了以创意为主的职业角色。虽然沃斯专门致力于高定设计，但是在成衣领域中他也是顶级时装设计师。

弗莱彻认为，天才设计师的神话会使消费者对自己在服装修改与维护的相关知识和技能的认知方面产生负面影响。从某种意义上来说，这些影响可能会延伸到层级结构中的角色，可能造成对设计师的见解产生不均衡的重视。在零浪费的时装设计中将不会存在这个问题，因为每个人的专业知识对整体的成功都是毋庸置疑的。

零浪费时装设计可以成为一种催化剂，促使层级结构重组，因为设计与生产之间需要一种更密切的、互为渗透的关系。传统意义上从设计中分离的角色——纸样裁剪、推档以及排版规划和制作——都成为时装设计中不可或缺的组成部分。零浪费时装设计将纸样裁剪归为一种设计实践。随着生产的发展，设计范围（包括纸样裁剪）也扩展到了推档和排版规划。

117

图117
安可·格兰迪尔（Anke Gruendel）是一位时装设计师、制版师以及帕森斯设计学院的教师。她身穿自己设计的零浪费上衣，这件上衣有三种穿着方式。

服装：安可·格兰迪尔
摄影：提姆·里萨宁

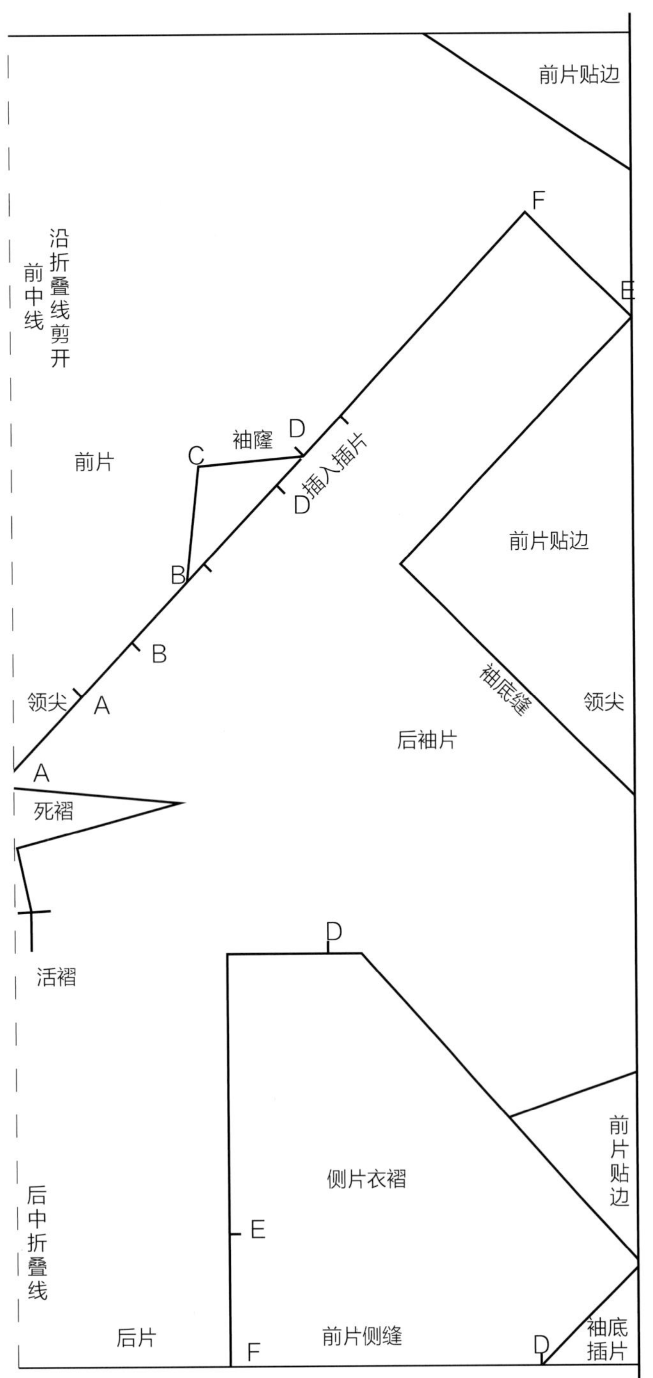

118

图118
安可·格兰迪尔的纸样示范说明了斜裁并不一定浪费面料。褶子和省道可以令几何裁剪的服装产生精致、合体的效果。

安可·格兰迪尔供稿

这并不是说，这些角色应该合而为一，从而消除一个或多个就业来源，而是指这些角色之间的交流方式可以转变。在零浪费时装设计和制造过程中，制版师、推档师和排料规划人员是设计过程中不可或缺的角色。虽然这听起来像是一个简单的命题，但当前行业中的层级结构和后续结果为此提出了巨大的挑战。例如，在离岸生产中，纸样推档和排料规划师可能与设计师和制版师处于不同的物理位置；在某些情况下，制版师也可能是离岸的。

也许改变这个行业的最大挑战是如何改变传统上将时装设计置于行业的其他角色之上的观念。弗莱彻和罗格斯（Fletcher & Grose）和福瑞（Fry）为设计提供了全新的机会，包括全新的参与方式，不仅是参与行业的其他角色，也包括整个人类。

访谈：莱拉·雅科布斯

莱拉·雅科布斯（Lela Jacobs）是一位自学成才的新西兰时装设计师，是一家开放式时装工作室和零售空间“The Keep”的所有者。她的作品简约低调，强调强烈的设计感和雌雄同体的形式。她与当地的新西兰制造者社区密切合作，与艺术家、织造者、针织及印花人员合作来制作她的系列。

+ 请给我们介绍一下你的背景，还有，你是如何成为一名时装设计师的？

我是一个 80 后的城市女孩，出生在一个农民家庭，小时候生活在新西兰的农村。在我十岁的时候，父母分居了，我和两个姐妹随母亲来到了城市。我在全国各地都住过，如果问我来自哪里，对我来说最好的回答就是新西兰。从我记事起，我就总是在摆弄父母的制作工具。在我们的成长过程中，他们两个亲手制作了我们日常所需的大部分东西，我也从他们那里学会了如何自给自足。因此，有了工作室和制作工具，我就很开心了。

我一直对时装设计师这个头衔感到有点不自在，因为我是一个自学的创造者，反对快时尚流行。我的设计理念以响应人们的需求为中心，顺应科学、社区和环境带来的变化和发展，我也努力创造不会对一个日益受损的敏感星球造成不良影响的作品。我觉得这是一个积极的、必要的方面，应该在所有当代设计师的自我中找到。

+ 你的一些作品是零浪费（或者非常接近零浪费）设计。这种设计过程中有什么吸引你的地方？

在我二十岁出头的时候，我总是先将面料折叠起来，然后进行裁剪，而不是将它们一一裁出。这对我来说非常有趣，而且很成功。在当时，这种新方法与零浪费及其环境效益几乎毫无关系，它更多的是推动传统设计向前发展，并体现出实验性。现在我已经长大了，在某些方面更睿智了，我可以将零浪费作为一种设计动机。

图119
莱拉·雅科布斯设计的服装。莱拉·雅科布斯是一位新西兰的设计师，在她的系列中探索了极简主义和零浪费设计。

莱拉·雅科布斯供稿

119

+ 你没有把“零浪费”作为营销工具的原因是什么？

当人们来到我的开放工作室，对零浪费纸样产生兴趣时，我会与他们讨论这个问题，如果他们富有创造力且精力充沛，我甚至会向他们展示如何制作一些零浪费纸样。我的系列中有一部分设计制作的过程已经免费分享给大家，如果你愿意，也可以称之为开放设计资源。新西兰时装博物馆的家庭缝纫制品展就包含了其中一些纸样。至于推广，可能我潜意识里一直在等待媒体来颂扬吧，因为我们当中并不是很多人在做推广，而且我也不想让人觉得我做这个伟大的环保过程是为了钱。它需要正确的曝光来确保设计决策背后的原因得到诚实的传达。

+ 这本书的许多使用者都是学生。在设计较少浪费或零浪费的服装时，你能给他们一些建议吗？

我一直围绕着面料展开创作，我认为，为了实现零浪费和提出一些有趣的想法，你最好反向思维，让你的面料为你设计。你固然会受到面料幅宽、悬垂性、经纱和纬纱，以及斜丝缕的限制，但是你需要开阔思路，大胆冒险，勇于尝试，因为你很难想象看不见摸不着的东西。请记住，一切仍未结束，不要试图在纸上或头脑中完成设计。要让它不断演进，还要特别注意细节、面料的选择和处理。有些眼睛能看到一切！

图120
莱拉·雅科布斯设计的服装。她的系列具有体量感和男性美学，很容易融入零浪费设计过程。

莱拉·雅科布斯供稿

零浪费服装的号型缩放

推档是在保持设计不改变的情况下放大和缩小原始样板，以获得一系列样板的过程。为了保持设计的完整性，服装设计的号型范围在5个或5个以下为宜。推档是伴随着成衣的产生而出现的，是为了满足不同号型尺寸的消费者的需求。一旦服装款式的订单确认，具体款式及其样板也已确认，推档也就完成了。制版师通常都接受过手工或者数字化的推档培训，但也有人专门从事推档，而不做制版。嵌套是指所有号型的纸样彼此重叠排列。

在零浪费时装设计的环境中，推档似乎具有挑战性。服装各组成部分的设计是根据面料的幅宽来设置的，这样就不会浪费面料。各部件之间没有留出放大号型的空隙，而当号型缩小时，各部件之间的空隙就会加大。许多部件的号型沿着经纱方向水平地放大或缩小，沿着纬纹方向垂直地放大或缩小。一般来说，相对变化最大的水平部位是胸围、腰围和臀围。垂直方向的变化相对较少，也容易处理；要放大服装的号型，只需要增加布料的长度即可。水平方向的变化则相对更有挑战性；随着服装部件的变大，纸样排料方案的整体布局将会超出面料的幅宽。

同样，对于更小的号型，当各部件变小后，排料时部件之间就会出现空隙，这样就会造成面料的浪费。然而，这些挑战是在假设服装各部件的整体配置、纸样排料方案保持不变且遵循传统的推档规则和方法的情况下，但事实并非如此。

获得零浪费服装系列号型有五种方法：

1 均码

2 传统的推档

3 每个号型单独设计

4 每个号型采用不同幅宽的面料

5 混合方法

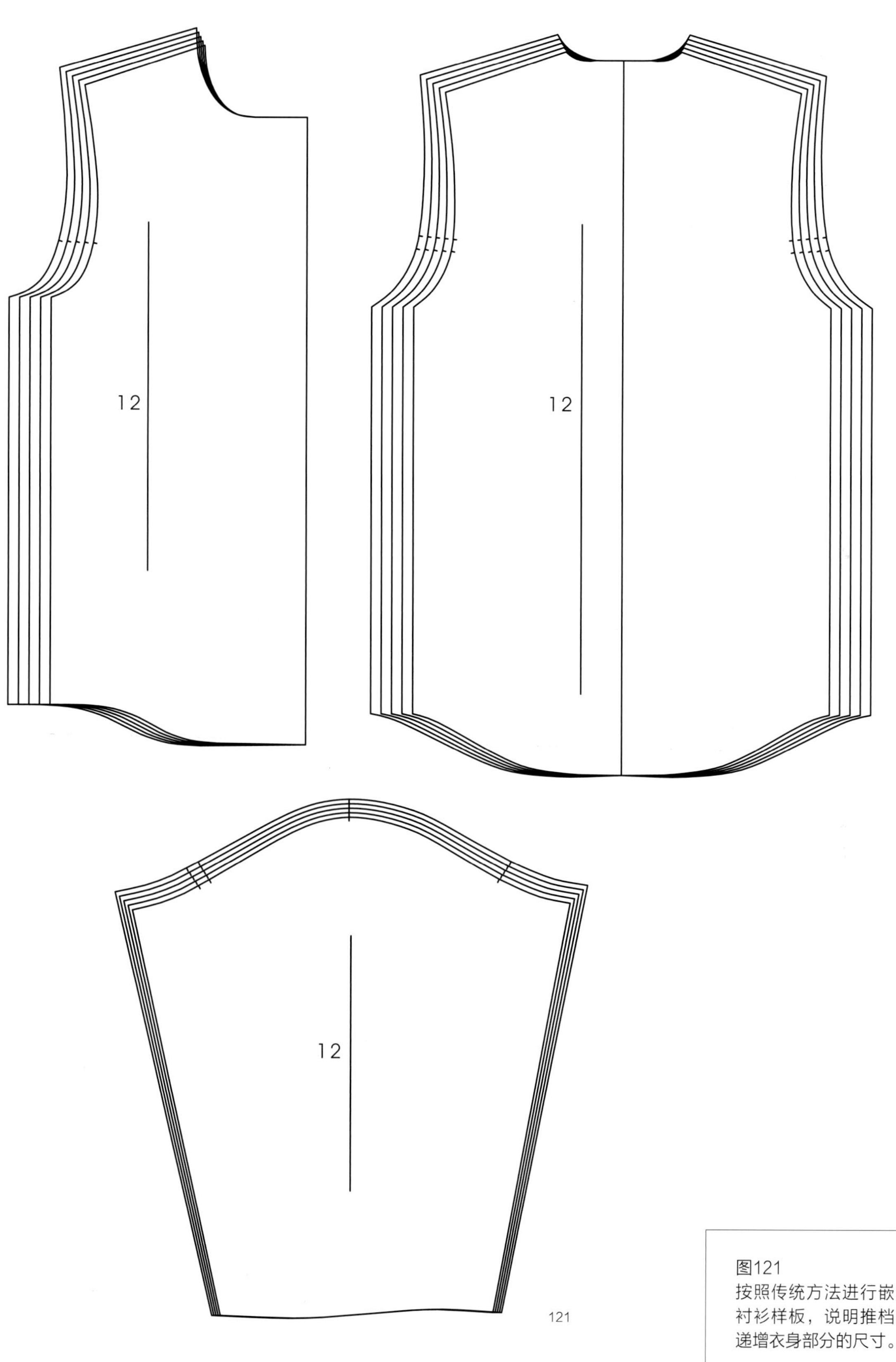

图121
按照传统方法进行嵌套式推档的衬衫样板，说明推档主要是横向递增衣身部分的尺寸。

赫利·麦奎伦供稿

方法 1：均码

设计一款适合不同号型尺寸的人穿着的服装，就不需要推档了。邓姚莉(Yeohlee Teng) 将这类服装描述为“终极效率”。在展览“生息”中，邓姚莉的莎笼裙几乎可以调节到任何腰围大小。这种方法主要适用于宽松的、可调节的服装，或缠裹样式的服装。

方法 2：传统的推档

传统的推档仍然是一种选择。好处是这种方法业内人都熟知且速度快。推档产生的号型很可能会造成织物浪费，纸样排料方案不属于传统的推档。并非所有部件都有必要进行推档，有些部分可以不统一推档，具体取决于服装的设计。一旦每个部件都进行了推档，它们就不可能像纸样排料方案的原始样板那样排列了。如果只有样品的号型是零浪费的，那这款服装是否还能称之为零浪费呢？

122

图122
邓姚莉设计的莎笼裙是零浪费的，同时也是均码的。像传统的莎笼裙一样，穿着者可以通过缠裹和系带使服装更适合自己的体型。

邓姚莉供稿

方法 3：每个号型单独设计

每个号型都可以根据原始样板重新设计。每个号型的样板应尽可能与样衣相像，同时还应确保每个号型都是零浪费的。

这种方法可能会很耗时，但在可持续发展的环境下，也许设计应该少而精，随着时间的推移，这可能变得可行。澳大利亚的“材料生产”（Matertialbyproduct）生产了一系列不同号型的零浪费服装。每个号型看上去略有不同，但是并没有不和谐之感；这种差异并非偶然。

设计师需要确定哪些部件需要推档以及推几个档。这些部件在重新设计的过程中会优先进行推档，因为它们会对没必要推档的部件（口袋、标签等）以及只能朝一个方向推档的部件（克夫、领子等）设定限制。确定了需要推档的部件之后，在重新设计的过程中就出现了两种选择：改变，或者保留纸样排料方案中服装各部件的配置。

方法 3A：改变纸样排料方案

推档后可以看到，与原始样板的排料方案相比，各部件在面料的幅宽上是如何配置的。耐穿衬衫 II 的排料方案与耐穿衬衫 I 的排料方案有很大的不同。这两件衬衫的号型是一样的，因而这种差异与推档没有直接联系，尽管如此，改变排料方案对服装外观的影响是显而易见的。前一件衬衫的肘部有贴布，后一件衬衫则取消了这个部件。研究表明，尽可能多地保留原始排料方案，将会更好地保持设计的完整性，同时每个号型也都能实现零浪费。

方法 3B：保留排版方案的配置

不同大小的号型要保留原始排版方案的配置，可能性有很多。

服装相对宽松

如果服装部件中设计有松量（面料用量比人体所需的量大很多），就可以保留每个部件的外轮廓线来生成一系列的号型。发生改变的是部件所含的相对松量。褶裥、塔克、省道和碎褶可以用来控制不同号型的宽松度。

“材料生产”创造了很多印花上衣和全身布满纵向褶裥的连衣裙。号型较大的服装所含的褶裥数量比号型较小的服装少，每个号型所使用的面料总量是相同的。碎褶也可以有类似的用法。赞德拉·罗德斯设计的碎褶裙摆衬衫就说明了这种方法。碎褶裙摆以传统的方式连接到衬衫的腰部，而这三个号型的碎褶裙摆部件的尺寸保持不变。这种方法适用于生产三个号型，就像罗德斯上衣的情况一样。如果要生产更大的号型系列，可能会出现问题。

水平方向上的档差通常要比垂直方向的档差大，这就对保持所有号型的排料方案不变的直丝缕裁剪形成了挑战。在某些情况下，如果面料的特性允许，沿着横丝缕方向裁剪也是一种解决方法。

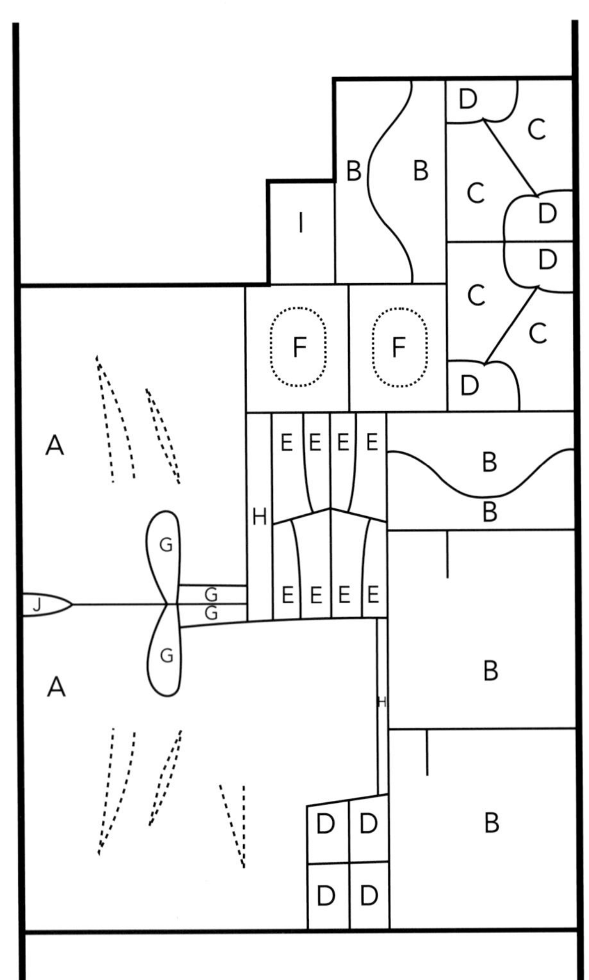

耐穿衬衫 I
面料：100% 亚麻
面料幅宽：135cm
用料：176cm

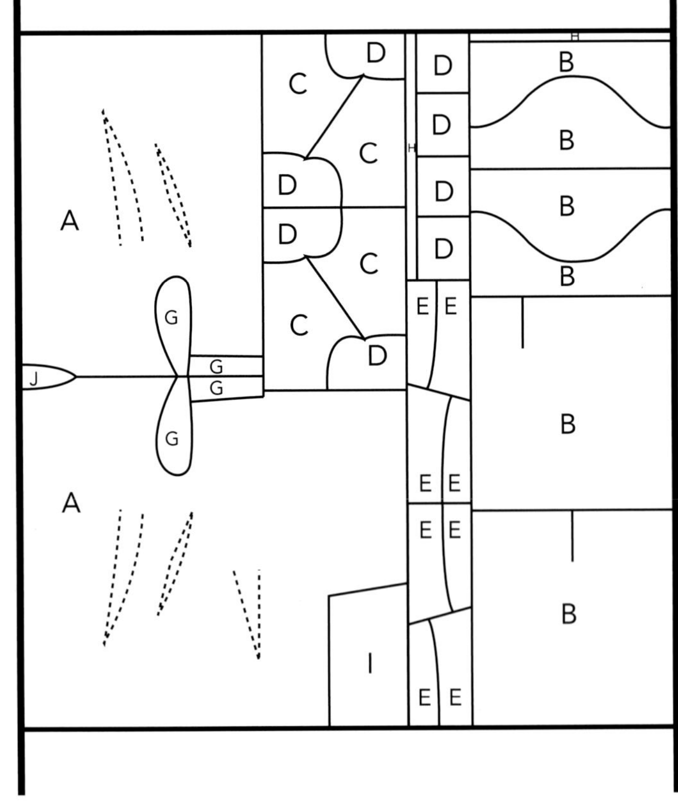

耐穿衬衫 II
面料：亚麻 / 黏胶
面料幅宽：148cm
用料：152cm

图123
2011年，提姆·里萨宁将2009年的耐穿衬衫样板置于不同幅宽的面料上排料，并通过去除袖肘部的贴布简化了衬衫的设计。这两种排料方案说明，当零浪费服装需要根据面料幅宽重新进行排料时，其差异不一定非常明显。

提姆·里萨宁供稿

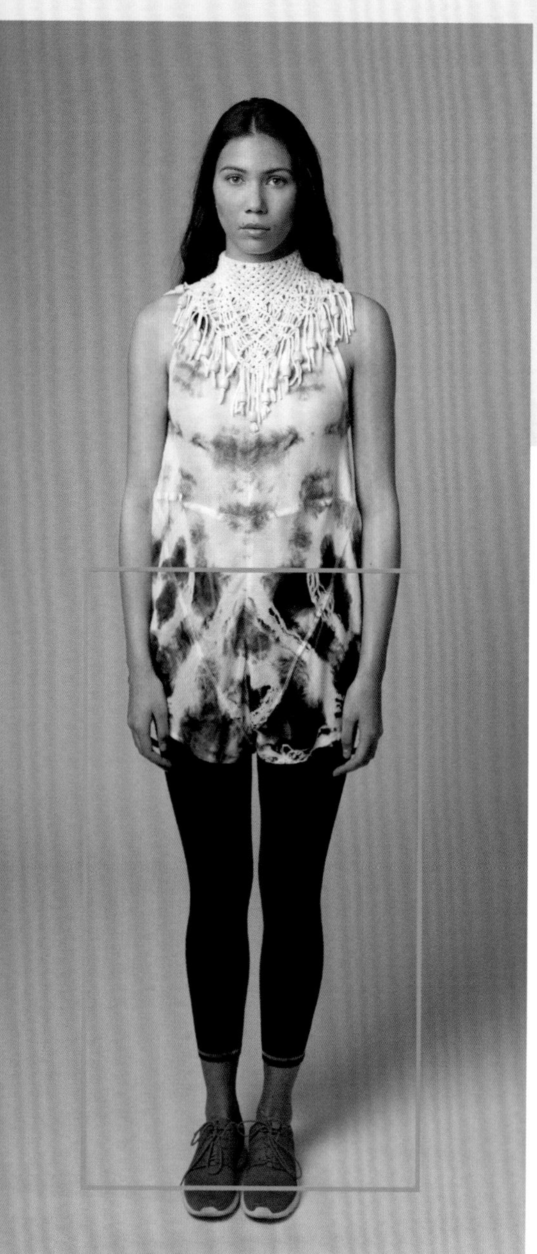

图124
吉玛·劳埃德（Gemma Lloyd）2014年的毕业设计作品——埃卢特罗马尼亚（Elutheromania）紧腿裤。

吉玛·劳埃德供稿

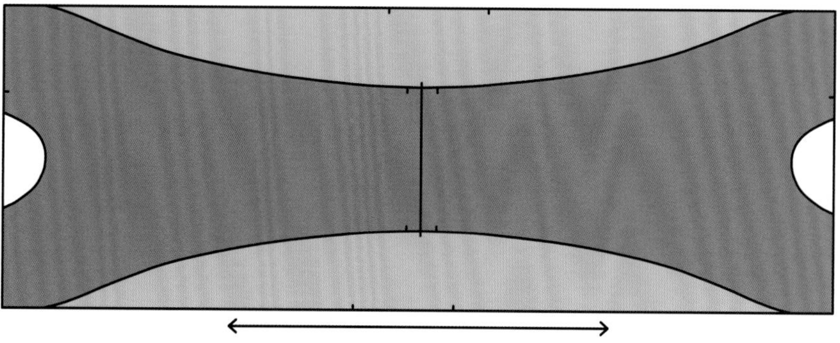

124

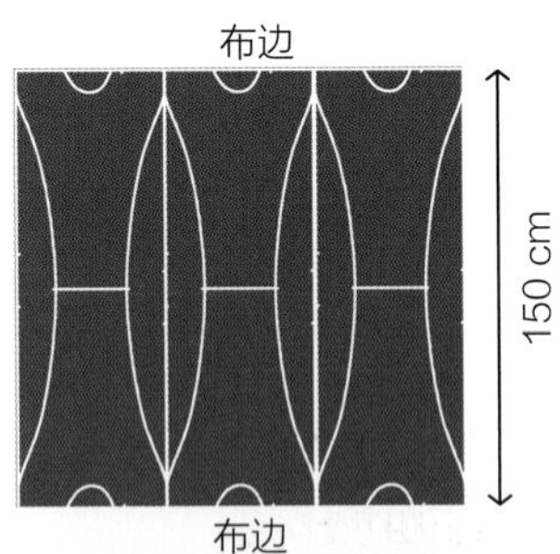

通用注释：

——幅宽为 150cm 的双向弹力针织面料

——整个面料的幅宽适合一件服装

——用料只需 52.6cm

号型考虑：

——臀部和大腿部区域的宽度可以加宽，以适合不同的号型

——只需改变腰带的弧度、增加腰带的高度即可适应更大号型的需要

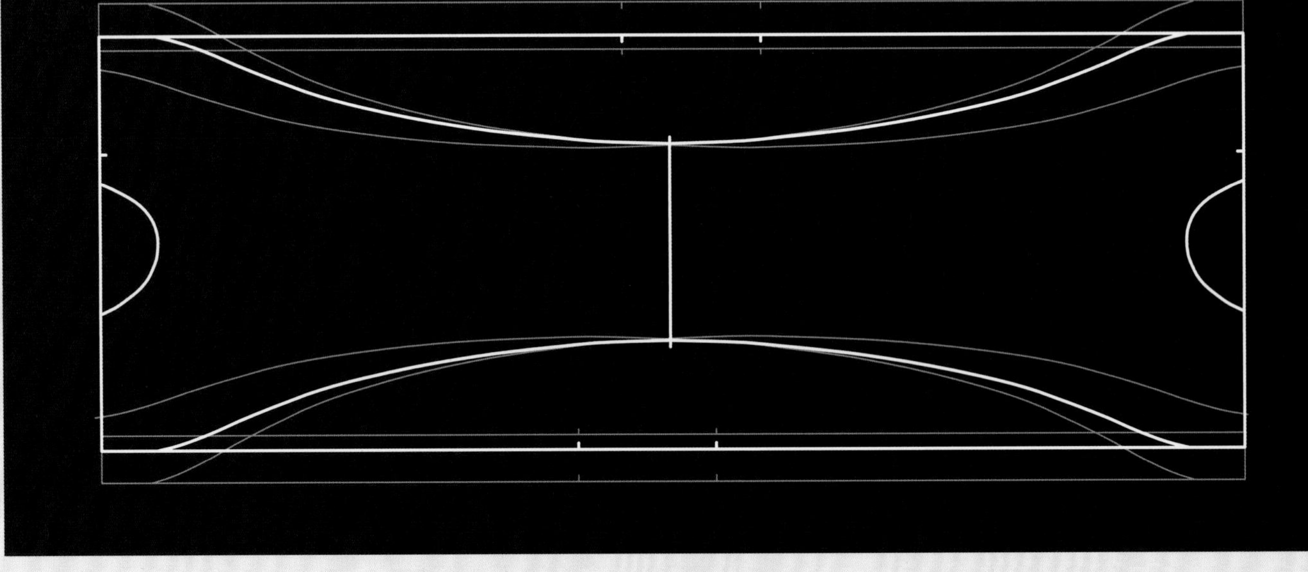

12

图125
吉玛·劳埃德2014年的毕业设计作品——埃卢特罗马尼亚紧腿裤的推档图。面料是双向具有弹性的针织面料，纸样可以沿着横丝缕方向排版。

吉玛·劳埃德供稿

两种号型套裁

在里萨宁设计的带有开衩细节的针织衫排料方案中，两个号型可以套裁，推档就很方便。原本两件中号的服装正好适合面料的幅宽；右边的是一件大号和一件小号，同样也适合面料的幅宽。这个例子有两个局限性，一是服装长度在垂直方向没有推档，不过这可以通过在大号服装上设置较小的下摆缝份以及在小号服装上设置较大的下摆缝份来解决。另一个局限性在于，不管实际收到的订单数量是多少，小号和大号的服装只能裁剪同样的数量。

方法 4：每个号型采用不同幅宽的面料

历史上的一些例子证明，有一种方法适用于一些简单的针织面料零浪费服装设计。鲍姆加腾等人注意到，对于许多经典款型的衬衫来说，当需要更小或更大的服装时，排料方案并没有发生变化，而是使用幅宽更窄或者更宽的面料来解决问题。在现在的加工行业中，纺织厂通常会规定每种织物的最低生产数量，一般为数百米，这个最低数量可能对所有幅宽都适用。然而，针织面料则是一个例外。采用平纹或罗纹等圆机针织面料制作的 T 恤和背心并不少见，圆机编织出不同直径的针织面料，形成不同号型的服装。确保每个号型都做到零浪费，就能遵循原始号型的设计。

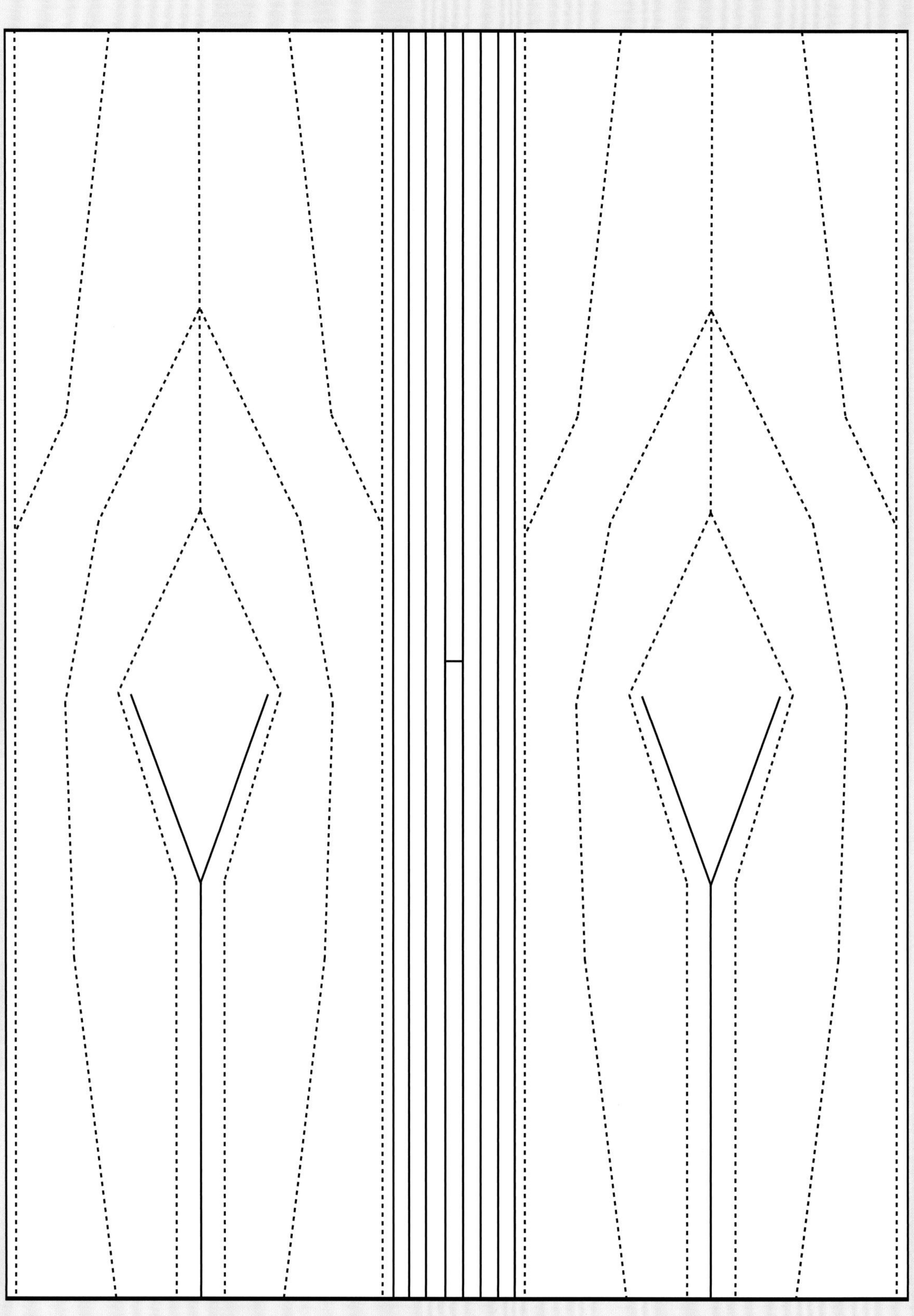

126

图126
提姆·里萨宁按照样衣的最初号型套裁的两件针织衫的排料图，一件服装占据半幅面料的宽度。一件小一号和一件大一号的服装可以按照类似的方式套裁，暂不考虑垂直方向的推档。

提姆·里萨宁供稿

方法 5：混合方法

前面四种方法通常是结合起来应用的。罗德斯之前设计的上衣与常规推档方式不相符。袖子纸样的外部参数没有推档，三个号型可以保持相同的排料方案。只有衣身上连接袖子和袖窿的那个洞有推档，它被封闭在一个更大的正方形内。

综上所述，考虑到服装的可变性、公司对号型范围的不同要求以及推档规则的变化，在推档方面存在多种解决方案。最适合的解决方案就是根据服装类型、服装款式、所需的号型范围以及面料种类与幅宽来确定。总之，推档应该成为时装设计与制造之间的一个考虑因素，并且成为二者之间的沟通桥梁。

127

图127
大卫·特尔弗用圆机针织面料制作的T恤。

大卫·特尔弗供稿

生产零浪费服装的面料

A

B

C

128

图128
各种各样的布边设计：作为细节（A）、门襟（B）和下摆（C)。布边之美为设计进程带来灵感。

摄影：托马斯·麦奎伦

与零浪费时装设计有关的挑战来自工业化生产与面料之间的对立。自从工业革命以来，几乎所有工业化生产的目标都是要生产统一的、标准化的产品。尽管工业化生产的服装所用的主要面料，其本身就是工业化生产的产品，但每块面料的幅宽、外观和其他属性往往并不统一。传统时装设计和生产的目的并不是要体现面料的多样性，而是要去克服它。

强调面料多样性的粗放式策略的确存在，而且其中一些还造成了更进一步的面料浪费。尽管很容易将这些归咎于生产实践，但是这些实践目前满足了时装设计、时尚贸易和时尚市场的需求。里萨宁探讨了用更大长度的面料生产零浪费时装的问题，以下就是对这一实践的简要介绍。

面料裁剪

服装生产中的很多问题，都与面料裁剪以及面料特殊性能对裁剪实践的影响有关。作为时装设计的考虑要素，面料浪费可能会对如何处理这些问题产生特定的影响。对于服装生产的面料而言，最有意义的问题可能在于，一件样衣的裁剪和在批量生产过程中多件服装的裁剪之间的区别。

为了裁剪多件服装，需将面料一层一层地叠放在裁床上。长长的面料往返折叠，连续不断地在裁床上铺开，铺好后即形成了一摞铺布层，然后进行服装的裁剪。例如，假设一摞布有 50 层，且每层有一件服装的纸样排料方案，那么一次就会裁出 50 件服装。泰勒（Tyler）说过：“面料不可能铺得那么精准，做到所有布层（大规模生产中所裁剪的面料层）完全对齐，因此纸样排料方案的宽度必须比面料窄一点。”这意味着在裁剪阶段，只有一条布边（织物纵向边缘）可以被精准对齐。泰勒建议，幅宽差异较大的面料最好通过规划“不同宽度的纸样排料方案，并根据面料的实测宽度进行分批裁剪。这样一来，节省下来的材料成本就可以超过额外的劳动力成本”。

这些陈述对零浪费服装的生产有着明确的意义，因为零浪费的纸样排料方案是为特定幅宽而制定的。实际上，为了适应不同幅宽的面料，单一样式服装的每个单元都可能会发生变化。我们需要就用户接受服装的这种差异的可能性进行调查。这种在材料、面料上的意外发现不是很真实吗？

织物布边

布边是织物长度方向的两条长边。梭织物的布边是用特殊的织造方法织成的，可以防止织物边缘散开。有些针织物先是编织成管状，然后按照所需长度裁剪成平整的面料，有时其边缘需使用胶水以形成稳定的布边。布边可以是波浪状的，这意味着它们不如织物其他部分的收缩率大。相反，织物的布边也可能很紧，这意味着它们比织物收缩得更厉害。在传统的服装设计和生产中，布边很少被纳入到服装设计中。将它们剪掉可以解决布边过松或过紧的问题，同时还可以让裁剪机直观地确认布层是否对齐。在我们设计的服装中，多数加入了布边，而且我们鼓励你也这样做，选择一些有漂亮布边的面料，或者反其道而行之，选择几乎看不见布边的面料。

在为提姆维斯唐（Timovsthang）设计一件格子衬衫时，里萨宁把布边运用在前门襟和后肩育克（图片中的白色线条就是布边），这款衬衫在多次小批量的生产中没有遇到任何困难。面料是稳定的，在一定长度内幅宽均等，而且小批量（每个号型生产 15 件或者更少）使得面料的排料和裁剪更为精准。同样，里萨宁设计的牛仔外套也以布边外露作为视觉元素。这种牛仔布很稳定，不过要在大规模的零浪费服装生产中用上布料两侧的布边，可能还需要解决额外的问题。

谢弗（Shaeffer）讨论了在高定设计中运用布边来加强服装内部的稳定性。在成衣设计中将布边作为结构稳定性部件的潜力还未能有所探究，成衣制造与高级定制不同，这些服装是由机器缝制的，而不是手工缝制的。

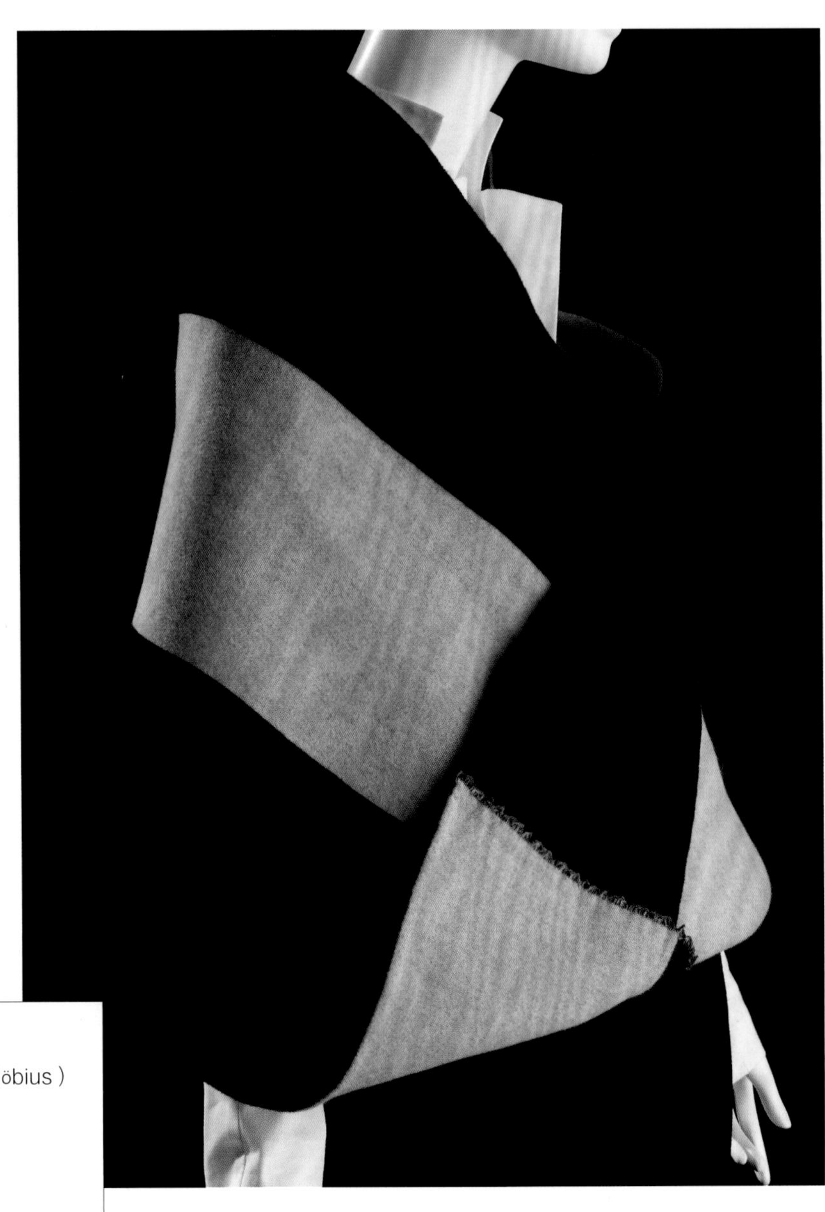

129

图129
邓姚莉设计的莫比乌斯（Möbius）服装体现布边的运用。

邓姚莉供稿

口袋
前中心线
育克（分片）
后片上部
后中片
腰带
153cm × 211cm
前片上部
后片下部
前片上部
口袋
前中心线
育克（分片）
后片上部
前片下部
前片挂面
前中片
前中片
前片下部
口袋
B
口袋
A
克夫（袖口）
育克（分片）
A
A
袋口
克夫（袖口）
右领
右领
前片挂面
育克（分片）

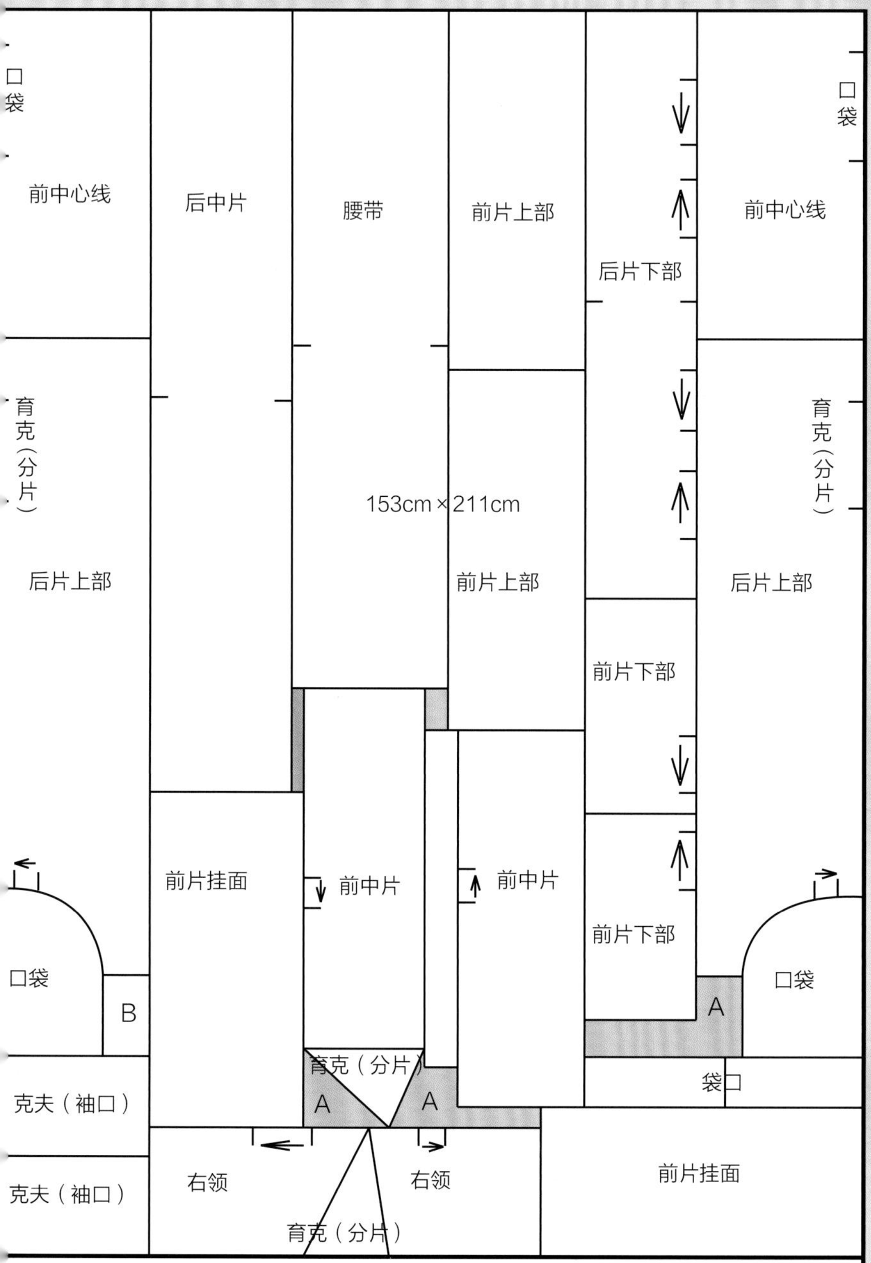

A：废弃
B：腰带扣子垫片

130B

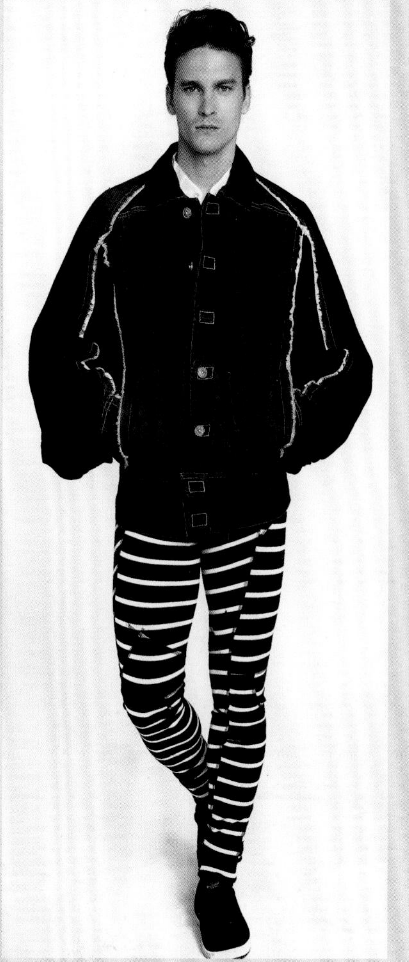

130A

图130A
提姆·里萨宁设计的牛仔外套将两侧的布边都融入服装的整体美学中。

马里亚诺·加西亚拍摄

图130B
提姆·里萨宁设计的牛仔外套排料图。

提姆·里萨宁供稿

面料瑕疵

如果服装所用的面料上有瑕疵，将会影响服装的外观。面料瑕疵的问题在一定程度上是主观的。例如，服装接缝处或接缝附近的面料上可能有一个洞，这会危及服装结构的完整性。另一方面，梭织或者针织面料上有结子或者条干不匀，通常也被认为是瑕疵。如果这样的瑕疵和不完美在设计和使用中都被接受了，又会怎样呢？

这就让我们对工业化大生产服装的均一性的期望产生了疑问。例如，如果一件服装的面料“不完美”，能不能对瑕疵部位进行刺绣，使其形成亮点？通过精巧的设计，这是有可能发生的。在传统的行业实践和思维模式下，零浪费时装设计与生产可能会将面料给服装生产带来的挑战放大。也许我们需要对一些惯例加以审视，寻找并尝试新的可能性。

塔拉·圣·詹姆斯的“纽约研究”

塔拉·圣·詹姆斯是纽约研究工作室的创立者，这是一家关注时尚行业的环境和人文方面的设计工作室。圣·詹姆斯于 2009 年创立了纽约研究设计工作室，此前她曾担任蔻维特（Covet）品牌的创意总监。她是 2011 年时尚基金会可持续设计奖（Ecco Domani Fashion Foundation Award）的得主。

圣·詹姆斯深思熟虑的零浪费时装设计方法以及与艺术家和纺织设计师的持续合作是她成功的关键因素。她的目标是建立品牌的可持续性，同时评估生产链，看看是否存在进一步透明化的可能性。作为开放资源和信息共享的信徒，多年来，圣·詹姆斯持续在她的博客上分享她的资源和联系方式。通过这种做法，她对供应商给予支持，这些供应商通常是规模较小的公平贸易纺织厂和时装制造商。

圣·詹姆斯从 2009 年春季开始运作纽约研究工作室，彻底投入到零浪费系列设计中，并在随后的几季继续进行零浪费设计。例如，2011 年春季，她用乌兹别克斯坦的手工织造的丝绸伊卡特（ikat）制作了一件零浪费的连衣裙。“零浪费”是她将可持续发展纳入公司核心使命的诸多方面之一。

纽约研究工作室并未顺应传统的时尚发布日程，而是采取了较慢的节奏，每年都会重复推出一款方形裁剪的零浪费连衣裙，它可以有多种穿着方式。这是零浪费时装设计的一个有效例证，一块正方形面料上散落着一些纽扣和扣眼，穿着者可以自行把玩这件服装并找到令其满意的穿着方式。这是一种深度参与消除浪费的做法，面料和它作为一件服装所创造的体验同样重要。

131

图131
纽约研究工作室设计的上衣和裤子。圣·詹姆斯的所有作品都体现了她对织物的深深的尊重，例如她经常会用到织物的正反两面。

塔拉·圣·詹姆斯供稿

132

图132
纽约研究工作室设计的连衣裙，由三种面料组成。这种设计方法颇具战略性眼光，可以使用剩余的库存面料，同时将不同季节的服装连接在一起。

塔拉·圣·詹姆斯供稿

133

图133
纽约研究工作室设计的连衣裙，其标志性的背后开口细节在多年来纽约研究工作室的连衣裙和外套上都有体现。

塔拉·圣·詹姆斯供稿

快捷路径

1 与其他服装相比，零浪费服装是否拥有特定的接缝类型和结构处理方式？针对某种特定服装类型，例如西装，思考如何应用这些细节。

2 在设计每个号型的服装时，存在什么样的障碍，可能会导致不同号型的服装与原始样衣的设计之间出现差别？

3 完成 10 款设计图，在服装的内部、外部或内外同时应用织物布边。

第六章

零浪费
时装设计的实践

从本质上讲，这本书尚未完成。零浪费时装设计并不属于作者个人所有，本书已经接近尾声，现在邀请你来编写后续的章节。正如可持续发展不是一个终点——它是一个关于质疑和发现的持续的、共享的对话——对零浪费时装设计的探索也没有一个“正确”的出发点可以提供给你。作者们犯了许多错误，而从这些混乱和错误中可以获得一些教训，这也正是本书之所以成书的基础。

134

图134
从错误中学习。在2011年“圆裁”系列设计中，提姆·里萨宁首次尝试通过减法裁剪制作裤子，这是第二次坯布试样。

摄影：赫利·麦奎伦

有关灵感

灵感一词，在时尚界经常被误用。获得灵感就可以给某个事物赋予生命，灵感是一种强大的力量。然而，这种被时尚界肤浅引用的普遍认识很难称之为灵感。查一下字典，然后问自己，你什么时候曾经真正受到过灵感的启发？

如果你参考另一种服饰文化，一定要经过深思熟虑。如果有可能，你要与拥有这种文化背景的人交谈，并且深入地思考。除了观察服装的外观，还需要了解它的面料和裁剪。2014 年，一群学生受到中东和亚洲文化传统服饰的影响，参照几件零浪费服装，与麦奎伦一起研发了一个系列。学生们的目标是创作一个中性风格的均码系列。在坯布打样阶段可以看出，由于有这些服装作为参考，所以要将这个系列转化为零浪费设计会相对比较容易。尽管学生们之前没有参与过可持续时尚设计的实践，而且零浪费也并非这个项目的最初目标，但他们还是选择了零浪费时装设计作为这个项目的设计方法。学生们运用了很多技艺，从几何形造型的纸样，到运用第三章中讨论的裤子排版的修正。有时，他们会在一个排料方案中同时应用好几种设计以避免浪费。这个项目说明，如果项目参数相对简单，即使对初学者来说，零浪费时装设计也是很容易实现的。这批服装只用了两种面料（粗棉布和单面针织布）和两种面料幅宽，宽松的造型为初学者提供了一个安全的探索空间，之后他们可以再去尝试更为复杂和适体的零浪费服装。

即使是相对简单的形状，也为变化和探索提供了无尽的可能性。此处展示的是具有多种可能样式的基本型。在制作真实比例之前，可以通过 1/2 比例对设计进行快速有效的探索。

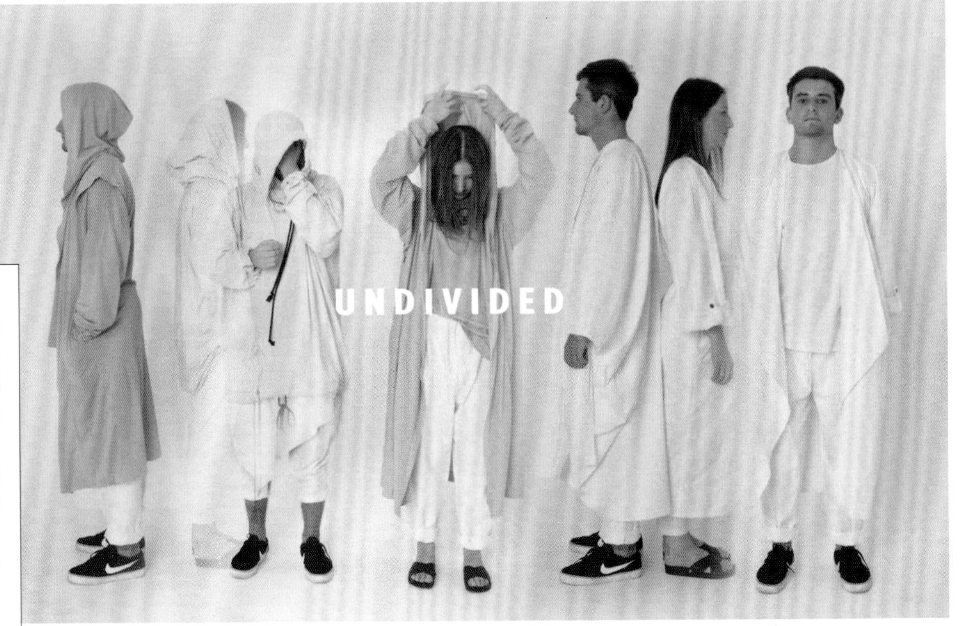

135

图135
“不可分割”系列。这是一个中性风格的均码零浪费时尚系列，由新西兰梅西大学服装设计专业二年级的学生完成，他们是娜塔莉·普罗特（Natalie Procter）、伊奇·巴特尔（Izzy Buter）、尚南·扬（Shannen Young）、麦克斯威尔·威尔逊（Maxwell Wilson）以及谢伊·米希尼克（Shay Minhinnick）。

娜塔莉·普罗特供稿

图136
从一个简单的原型快速生成多个零浪费设计系列是有可能的（本案例采用的是在第一章和第三章中所展示的T恤）。这里展示的纸样创造出了一系列的上衣、连衣裙和外套，都是赫利·麦奎伦在大约5分钟内设计完成的。

赫利·麦奎伦供稿

图137A
运用窄幅的、柔软的、带有悬垂感的面料制作的基本款T恤。

图137B
运用窄幅的、有纹理的面料制作的上衣。

图137C
带有锥形袖子的短款T恤。

摄影：托马斯·麦奎伦

137E

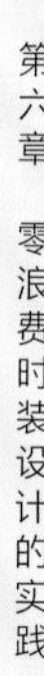

图137D
运用拼接面料制成的超大连衣裙。

图137E
双色色块拼接的外套，袖子和后片的造型具有雕塑感。

图137F
缠裹款连衣裙。

摄影：托马斯 · 麦奎伦

37D

137F

访谈：起亚·科斯基

起亚·科斯基（Kia Koski）是一名芬兰时装设计师，也是芬兰拉赫蒂应用科技大学（LUAS）的讲师。2010 年，她因为在芬兰运动服装设计方面的成就而被芬兰两大设计师协会——奥纳莫（ORNAMO）和格拉菲（Grafia）评为年度最佳时装设计师。自 2011 年起，科斯基在巴黎时装学院教授零浪费时装设计课程。

+ 回顾 2010 年，当时你怎么会想到将零浪费时装设计纳入拉赫蒂应用科技大学的教学课程？

早在 2010 年秋天，我们就在拉赫蒂应用科技大学的设计研究所开始了一个名为"环境效率设计"的单元课程。随后我们展开讨论，在时尚与服装设计系，什么样的设计课程才足够有趣，同时还能实现目标——使学生"理解可持续发展和伦理思考的目的；了解环境效率在产品开发中的意义；能够将可持续理念的思考和实践作为设计过程的一部分"。

当时有一点很清楚，就是学生们已经有了回收和可持续性的意识，并且这也已成为一种趋势，这就是为什么有关符合伦理的有意义的产品设计很容易纳入教学课程的原因。

作为一名专注于功能性服装的设计师和教师，我自然也对服装真正的功能和意义感兴趣。因此，我尽可能地查找了关于可持续时尚和服装设计的所有文本和信息。在 2011 年春季首次开课之前，我就开始了这项研究和背景学习。

有一本书对我来说至关重要，那就是《可持续时尚：为什么是现在？》（*Sustainable Fashion: Why Now?*），作者是哈索恩（Heathorn）和乌尔拉斯维兹（Ulasewicz），还有《塑造可持续时尚》（*Shaping Sustainable Fashion*），作者是格威尔特（Gwilt）和里萨宁。在阅读了这些书籍以及其他相关出版物之后，我确信，这是未来的趋势，我们必须将它纳入设计思维。珍妮·本尤斯（Janine Benyus）和"从摇篮到摇篮"以及在丹麦和瑞典举行的几次会议，为我打开了通往纺织和时尚行业的可持续思维。我的目标是想方设法将这种思维融入设计实践中。对于学生来说，这既具有挑战性又有意义。零浪费时装设计是一种新颖而有趣的设计。在开始之前，我已尽我所能地研究了一切，尤其是在网上。我的目标是给学生一个开始，给他们足够的挑战和灵感。

+ 这个项目遇到过什么特别的挑战吗？你是如何解决的？

最大的挑战是，没有一位老师有零浪费纸样制作的经验。我从一开始就决定，作为一名教师，我需要和学生们一样投身于未知的领域。我把这个目标理解为一次探索，一趟未知的旅行，我们将一起尝试解决这个问题。制版老师马留特・耶拉・玛利（Marjut Ylä–Mäyry）和我一起学习并讨论了项目如何进行。有趣的是，我在纸样制作方面的实践可以追溯到我的学生时代，那是很多很多年前！我对这方面的知识几乎为零。幸运的是，开始裁剪和缝纫时我们可以和马留特一起工作。另一方面，我对于纸样制作没有任何具体的想法，这又变成一个优势。朱利安・罗伯茨打破了这方面的规则，真是鼓舞人心。

+ 这个项目有什么惊喜吗？

最令人惊喜的是我们在第一次零浪费课程以及之后的每一次课程中采用的实验方法。学生们真正从实践中学习。我们让学生两人一组，当他们一起工作时，会一起探索、做决定，并互相鼓励。这个过程更有效。

第一次零浪费课程非常简单。学生们用 2m 长的白色竹纤维针织面料做实验。他们必须做成一整套服装，可能是一件式或者两件式。他们可以按照自己的想法给面料染色或印花，还必须安排照片拍摄并制作海报，在课程结束时用这些设计成果来展览。

+ 学生们对零浪费时装设计的反应如何？

学生们的反应非常令人鼓舞。他们似乎认为零浪费是一种能够发展成打开时尚设计新思路的方法。可以这么说，他们已经学习到，可以换一种方式探索其结果并给出解决方案，以此来满足当初设定的目标，包括材料的零浪费的目标。一些学生去年已经在毕业论文中采用了这种方法。有一个学生还思考了如何将她的零浪费设计应

138A

图138A
芬兰拉赫蒂应用科技大学的瓦普·瑞佩里（Varpu Rapeli）和罗尼亚·阿尔多（Ronjia Aalto）设计的连衣裙和背心。

起亚·科斯基供稿
阿波·胡赫塔（Aapo Huhta）拍摄

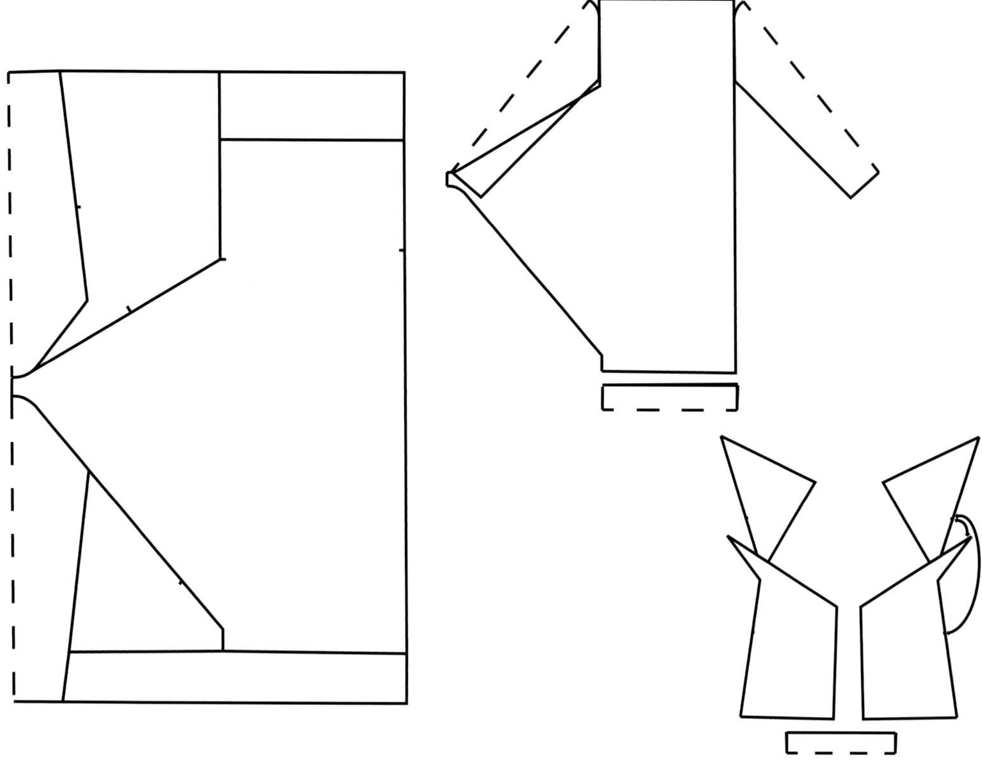

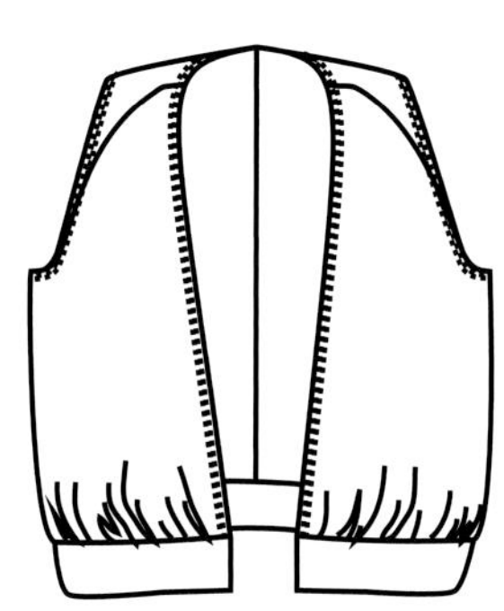

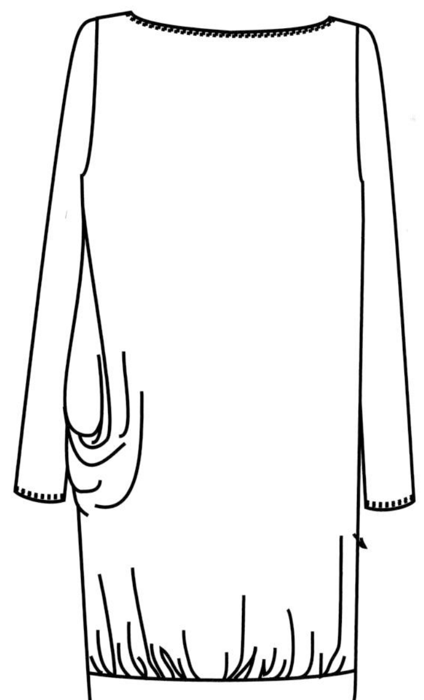

图138B
芬兰拉赫蒂应用科技大学的瓦普·瑞佩里和罗尼亚·阿尔多设计的连衣裙和背心。

起亚·科斯基供稿

138B

用到工业生产过程中，尽管结论说明这不是一个容易实施的方案，但还是有可能做到的。

+ 从那以后，零浪费时装设计如何在荷兰拉赫蒂应用科技大学“生存”？

2015 年春天，我们的第四次零浪费设计课程即将开始。我们使用的材料的种类每年都会得到扩充。我们试着使用工业生产的尾单或者剩余材料，所以有时会使用稍微有点瑕疵或者没人想要的（虽然还是新的）材料。每组学生都使用相同数量的材料。

设计过程的一个重要目标是教育学生更加关注我们生活的世界，以及纺织和服装行业对环境的影响。我们在材料和生产的可持续解决方案基础上，致力于研究新的高科技材料和未来的发展趋势。

自然和仿生学一直是新材料和新结构的灵感来源。我认为探索性研究和自由创作的环境是很重要的，在这样的环境下，学生可以体验到他们正在做着有意义的事情。同时，他们必须用相当苛刻的零浪费方法挑战自我。这给了他们完成任务的目标，也使他们深刻地思考。

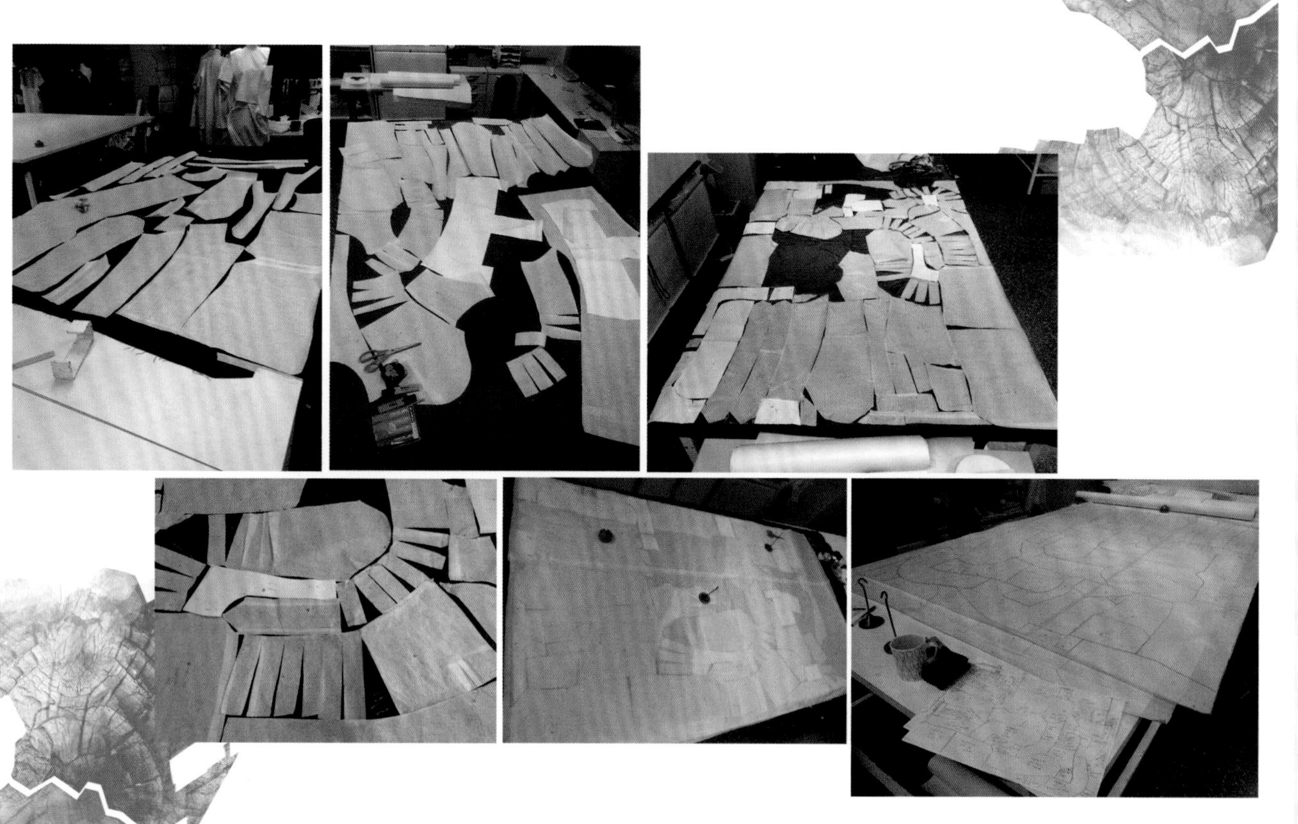

139

图139
芬兰拉赫蒂应用科技大学的詹妮弗·贝克伦德（Jennifer Backlund）和安妮·塔米宁（Anni Tamminen）的设计过程。

起亚·科斯基供稿

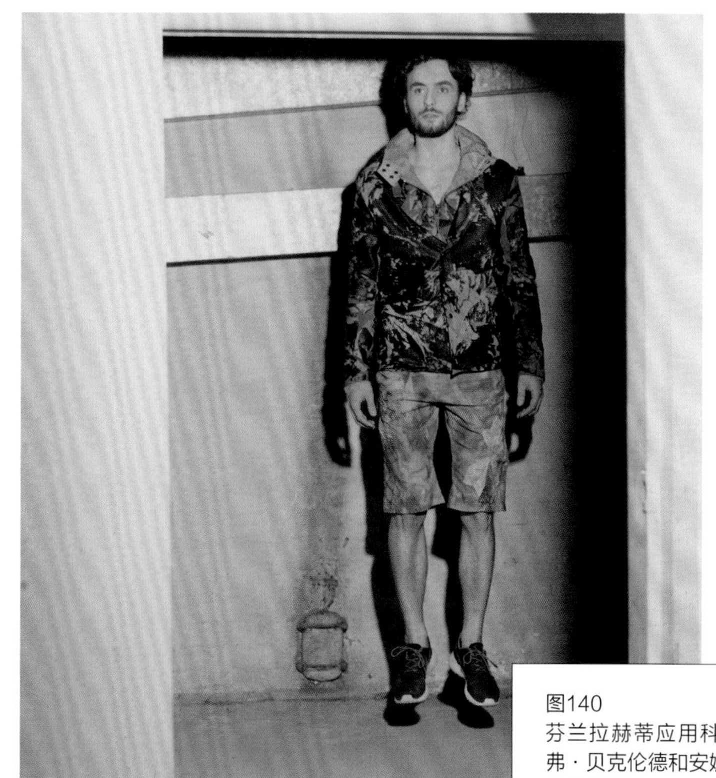

140

图140
芬兰拉赫蒂应用科技大学的詹妮弗·贝克伦德和安妮·塔米宁设计的最终服装。

起亚·科斯基供稿

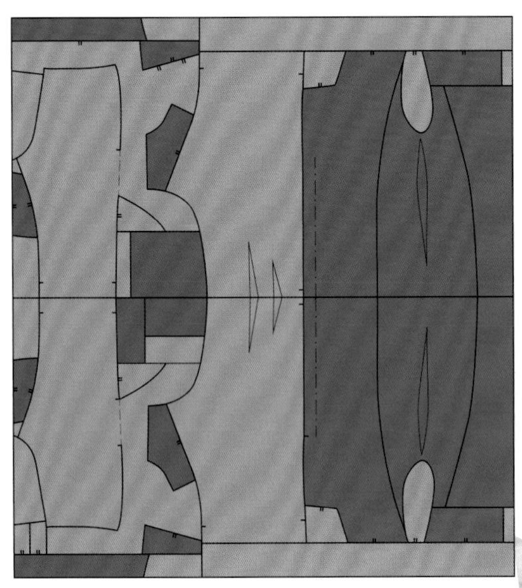

棉布 156 cm x 150 cm
常规排料215 cm
节约面料 65 cm

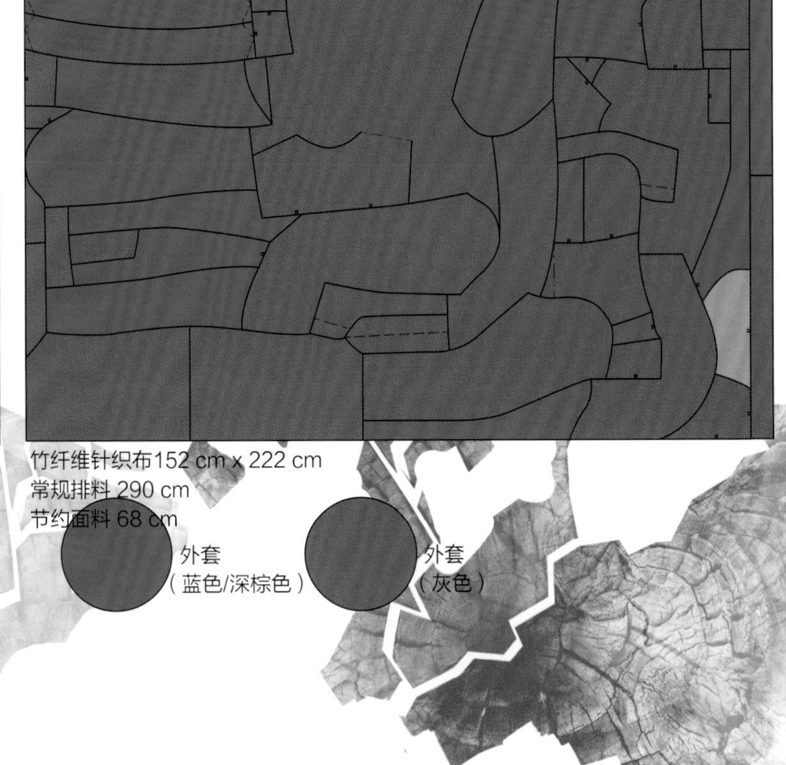

竹纤维针织布152 cm x 222 cm
常规排料 290 cm
节约面料 68 cm

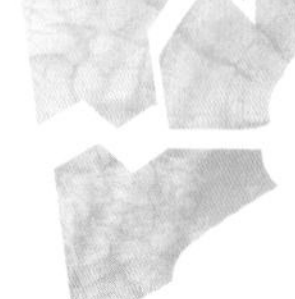

短裤

外套
（蓝色/深棕色）

外套
（灰色）

141

图141
芬兰拉赫蒂应用科技大学的詹妮弗·贝克伦德和安妮·塔米宁设计的排料图。

起亚·科斯基供稿

有关设计的记录和反思

在撰写这本有关零浪费时装设计的书时，作者也有很多混乱不清和错误的地方，这也是一个持续提升的学习过程。犯错误是自然的，也是学习过程中必不可少的一部分。设计过程及其结果的记录和反思的双重活动被证明是至关重要的。没有正确的记录方式。以一种对于你来说有效的方式去画草图记录吧！将你的纸样和坯布样衣都拍照记录下来，以适合你自己的口吻和方式记录设计过程。所有这些记录的形式都可以让你回想起自己做过的尝试，哪些是有效的，哪些是行不通的，未来将怎样做。反思可以使我们逐渐增强掌控能力，所以你也应该记录下自己的反思。

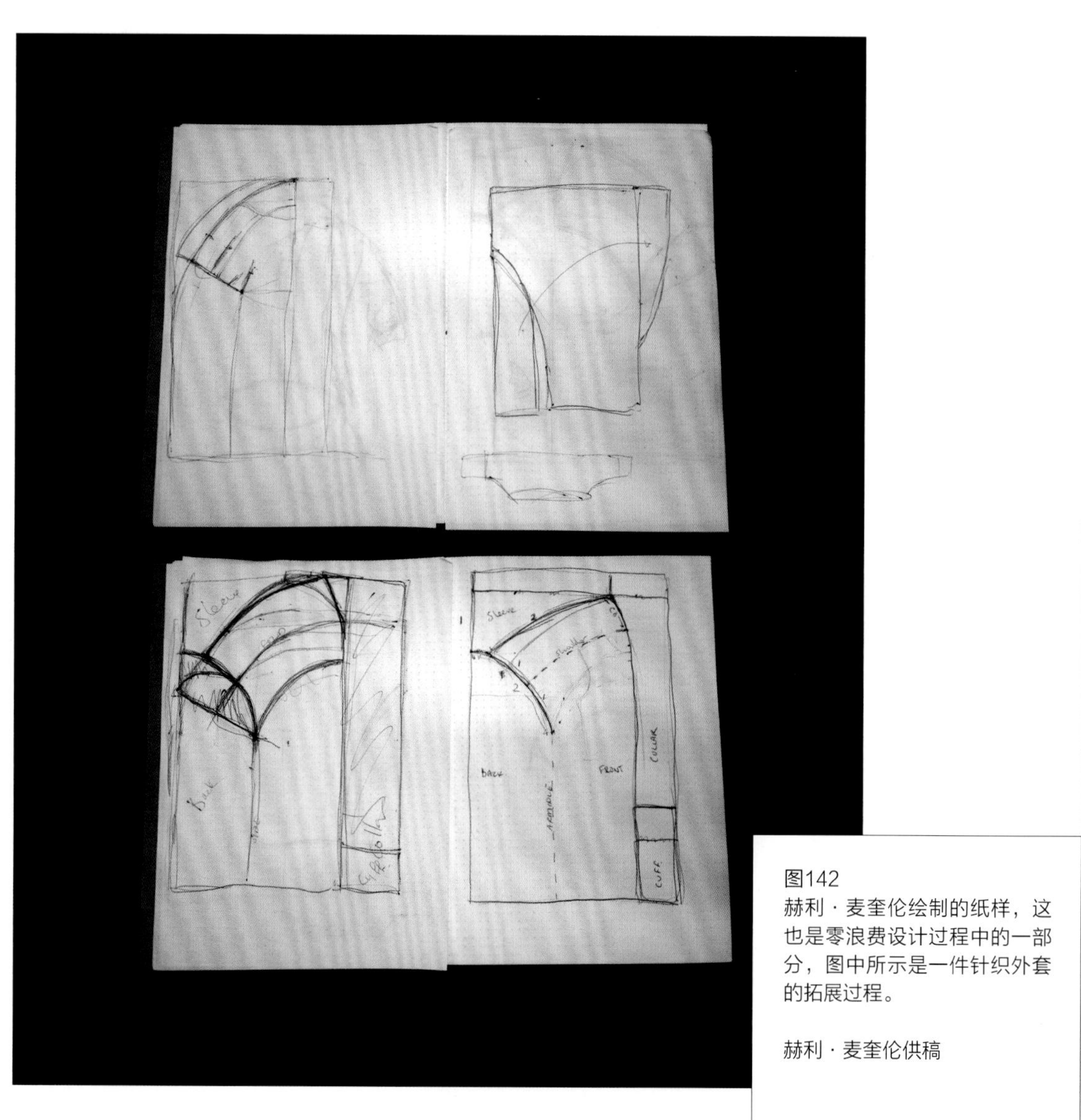

图142
赫利·麦奎伦绘制的纸样，这也是零浪费设计过程中的一部分，图中所示是一件针织外套的拓展过程。

赫利·麦奎伦供稿

图143A和图143B
提姆·里萨宁在图纸上设计了一条方形裁剪的裤子，第一次的坯布样在外观和合体度上都不令人满意。通过批判性的反思，里萨宁看到了这条以塔亚特的设计为灵感的裤子的潜力，并且不断改进设计，直到用丹宁面料完成成品。

提姆·里萨宁供稿

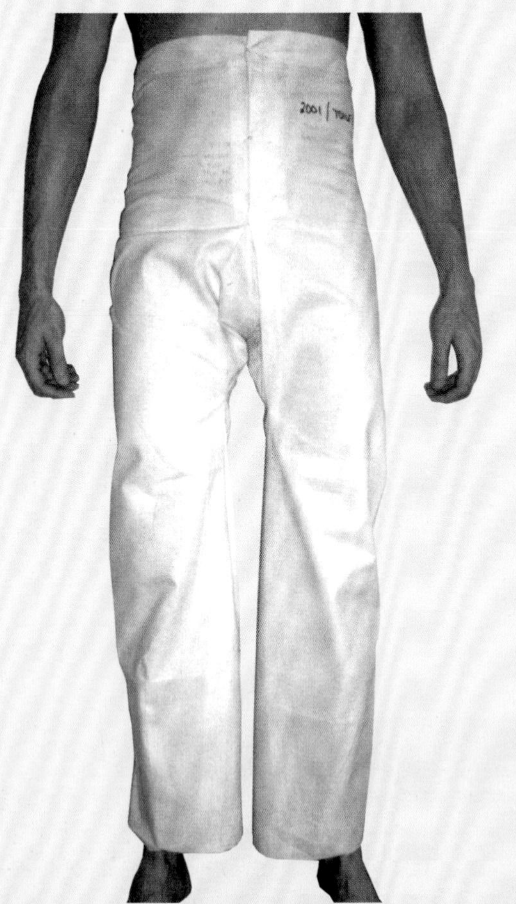

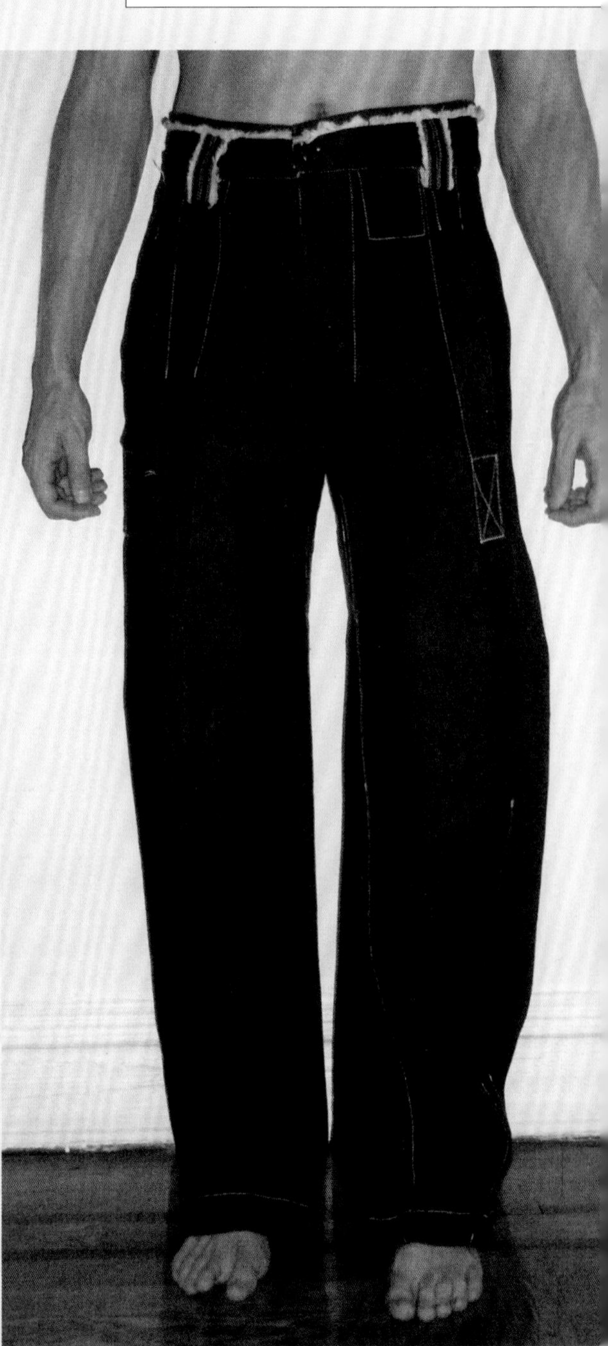

143A

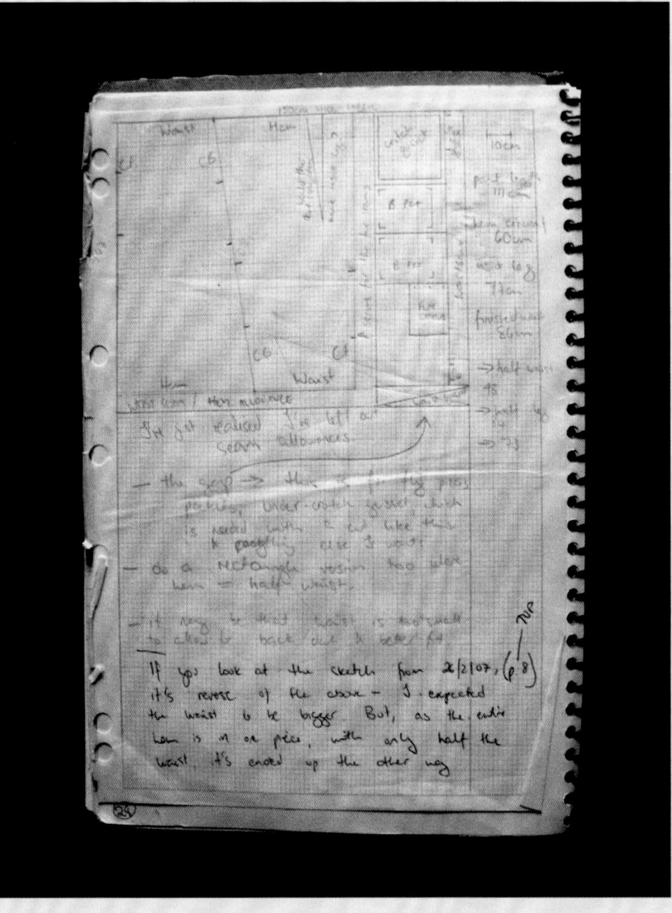

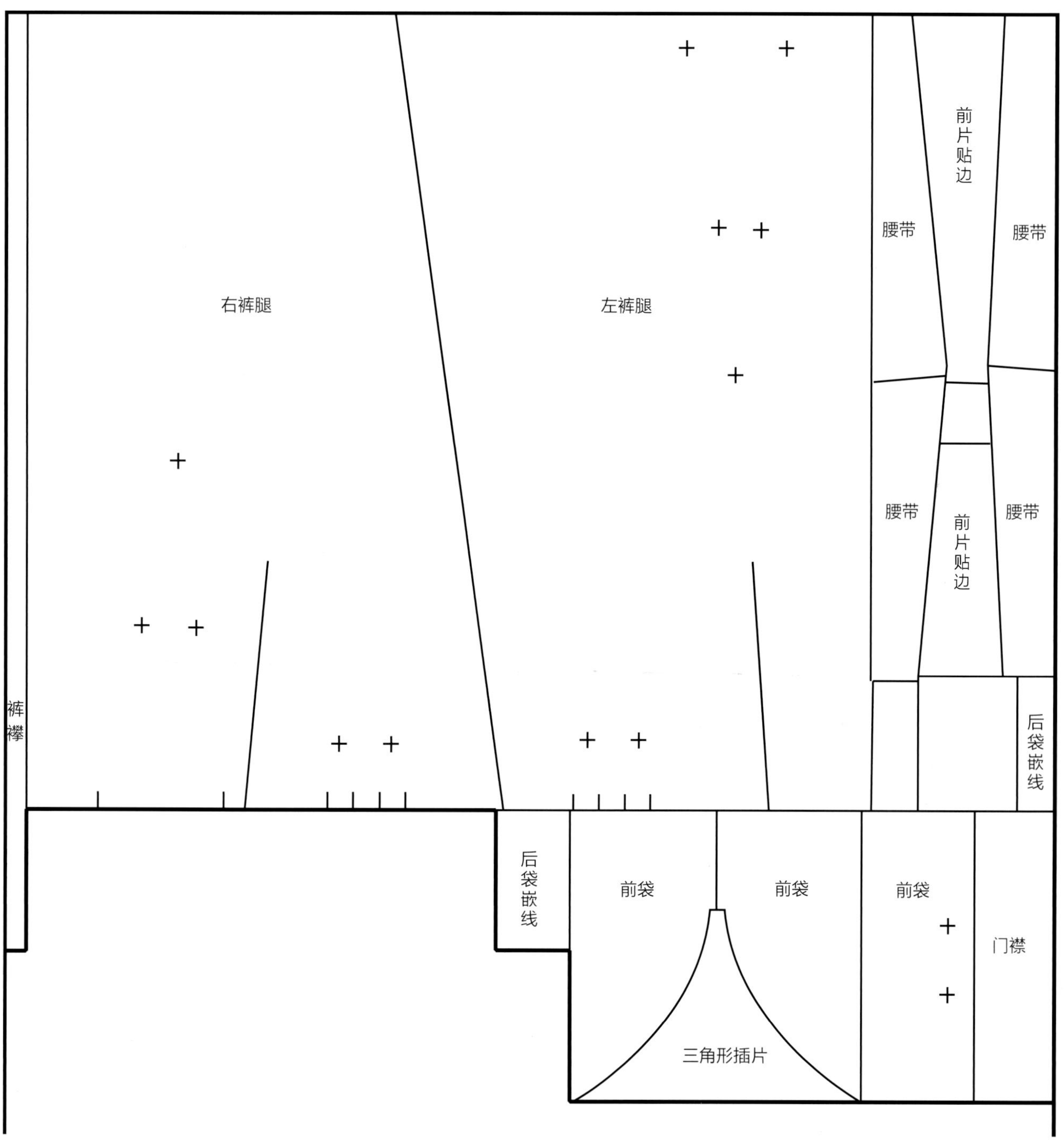

143B

分享

从传统上来说，时尚是神秘的。多年来，作者们分享着他们的理念，以及他们研发的服装及其纸样。与从同事和朋友那里获得的善意警告相反，在公开分享作品后，他们并没有体验到任何负面后果。事实上，他们的体验非常积极，令人鼓舞。互联网就是一个全球化的“村落”，在那里兴趣相投的人都可以走到一起，分享想法，互相学习。零浪费时装设计是一项团队合作的活动，只有在你想尝试独立去做的时候才会很困难。

图144
朱利安·罗伯茨在2011年“圆裁”项目中绘制的“合作的好处”图表。罗伯茨、麦奎伦和里萨宁愉快地合作了两个星期，当时这张图表就贴在工作室的墙上。

朱利安·罗伯茨供稿

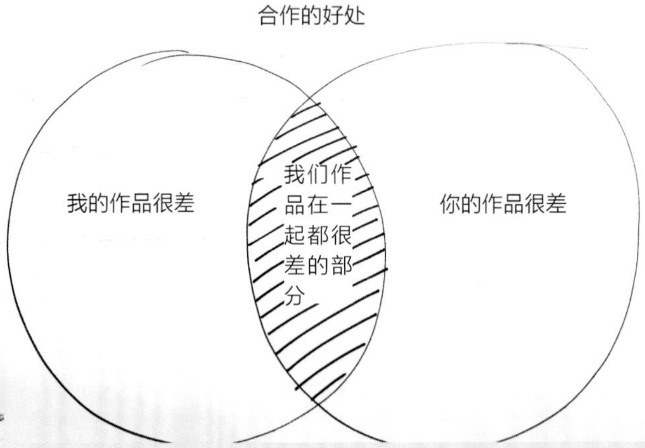

144

145

图145
“圆裁”团队成员：赫利·麦奎伦、朱利安·罗伯茨和提姆·里萨宁。

赫利·麦奎伦、朱利安·罗伯茨和提姆·里萨宁供稿。

访谈：邓姚莉

邓姚莉是美国零浪费时装设计的先驱，居住在纽约。自 20 世纪 80 年代初以来，她为姚莉（Yeohlee）品牌设计的服装系列中就包含了零浪费时装设计。在邓姚莉的作品展览中，她经常会将纸样与服装一起展出，因为这些纸样可以让人们洞察到她创作服装的思维过程。

以下是里萨宁和邓姚莉在 2014 年 10 月的谈话摘录。

+ 我的第一个问题是关于您的设计方法：在您的设计过程中，纸样制作是怎样完成的？看您的作品，纸样制作很明显是设计过程的一部分，或者至少是思维的一部分，是设计逻辑的一部分。这是怎样发生的？

我可以简单地分析一下。你知道，当人们谈论形式和功能时，那真的是很基础的问题，不是吗？

+ 是的。

我的方式确实是从客户开始的。听一个老朋友说，我们小时候一起办过一个派对，她说我穿了一条小裙子，是用 90cm 见方的布料做的。所以，我想这种回忆一直伴随着我，只是我不记得了。但她提到了 90cm，真的让我产生了共鸣。

+ 她还记得那件事，真有趣。

是的。当时我并没有意识到这一点，但它的确是零浪费、节俭的结合体。同时，我对数字也很着迷，所以让我产生共鸣的不仅是我充分利用了面料，而且那还是一块 90cm 见方的布料。我真想看看那块布料是否有布边。

+ 我刚才在你们店里看到一件外套，前片中心位置就是布边。

是的。

+ 我不知道这是否与我们有关，因为我有时觉得自己像一个奇怪的设计师，但我喜欢布边。如果它是我想融入服装的任何造型或形式的东西，我将……

是的。

+ 即使在服装上……即便是我有了自己的服装线路，那也不是零浪费，但是很多服装都加入了布边，因为我喜欢它们。但是，大多数人并不喜欢它们。

我不明白将布边剪掉、扔掉，是对还是错？对我来说，这是愚蠢的事。你知道的，布边不需要太多缝合。一件有布边的外套——没有贴边！没有衬里！我的意思是说，这真是太棒了！

+ 我喜欢布边的原因是，它们给了你设计的空间。

正确。不知道有多少人这么想。它们是你的设计参数。你所能做的很有限，至少在面料的丝缕方面。

+ 作为设计师，面料本身对您来说似乎非常重要。能说说您在设计时使用面料的经验吗？

有许多不同的反应，面料有时会让你一见钟情。你知道的，因为质地、手感和重量。

+ 这是非常直观的。

是的。

+ 这是一种与面料的情感联系。

是的。我可能会回顾一下，比如我的作品，很明显，有哪些面料让我产生了共鸣。因为那时的作品更……强烈？建筑师路易斯・康（Louis Kahn）曾说过，砖块会告诉你它想成为什么样的建筑。而面料，就是砖块。

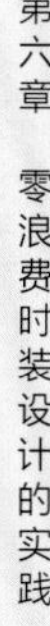

146

图146
阝姚莉设计的外套。

阝姚莉供稿

+ **这倒提醒了我，有个学生问过我，是什么启发了我？我说，对我来说，一切总会回到身体和面料之间的关系及它们如何相互作用，这是一个无穷无尽的魅力源泉。就像我知道它会让我着迷，直到我死去。在我看来，零浪费就是对面料的颂扬。对数字的痴迷也是原因之一。即使是对那些认为自己不擅长数字的人来说，也一样。**

我可以给你看样东西吗？

+ **请。**

（邓姚莉在她的书中展示了三种裙子）

这是我遇到的最贵的面料。我真的很喜欢它，我想要用它来设计服装。我计算了一下，我可以买得起7m。所以，我决定改成三件晚礼服。在这个过程中，一个意外造就了一个设计细节。（她指着一件礼服的腰部）这是我最珍贵的“零浪费”时刻，你看，就是这个细节。

+ **我在读博士时就写过这个题目。**

是吗？

+ **是的，因为我曾经推测过，有时候把几件零浪费服装放在一起设计，也许更可行。赫利·麦奎伦也是把多款服装放在一起设计的。**

我们最近有过这样的经历：用一块大概 1m 宽、0.5m 长的棉布，沿斜丝缕方向，制作一件背部有弯月造型的服装。月牙有四个，每个月牙都是斜裁的，排料时造成很多浪费。于是我们自己重新排料，最终得到了想要的效果。一天结束时，我的裁剪师拿给我了 15cm 长的面料，说：“这是剩下来的。”

+ **这是很惊人的。**

我们把所有面料都用光了。如果按米数计算，是没办法生产出我们需要的数量的。

+ 您能够讲述这个故事是很了不起的，因为大多数时装设计师都没有任何关于排料的经历。他们甚至都没有见过。这就是……

联系被割裂了。

+ 设计与制造之间的联系被割裂了。很高兴听到有设计师参与其中，因为排料是一个解决问题的过程。

是的，那是一个美丽的时刻。这需要整个团队的努力。你知道，设计师站在很多人的肩膀上，那些人应该获得大家的认可。我对此充满热情。

147

图147
邓姚莉设计的三款晚礼服裙，设计与裁剪时最大限度地利用了面料。

邓姚莉供稿

零浪费时装设计的未来

两个项目指出，零浪费时装设计本身并不“完善”，还需要在一个更广泛的环境中来审视。我们需要用全新的方式来思考时尚产业如何存在和运作；同时，还要使人类繁荣发展。这指向以全新的、开阔的视野来看待时装设计，还有服装的制作；时装设计应该涉及服装在使用和穿着过程中的设计，还应该与其他领域合作，参与设计穿着和使用服装的体系。下面这两个项目以及很多其他的项目正预示着这样的未来。

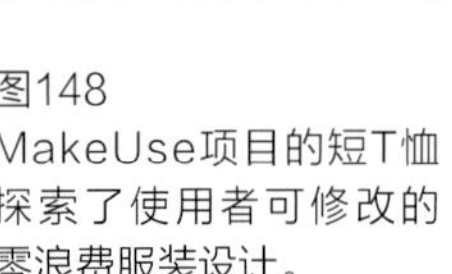

148

图148
MakeUse项目的短T恤探索了使用者可修改的零浪费服装设计。

赫利·麦奎伦供稿

赫利·麦奎伦的MAKEUSE项目，始于2012年

到目前为止，零浪费时装设计与用户体验之间的关系还没有得到充分的开发。凯特·费莱彻博士从2009年开始领导“当地智慧”项目，从2012年开始，麦奎伦为这个项目的一个名为MakeUse的分支工作，研究零浪费时装设计与时尚用户体验。她的目标是开发一种可以让用户与自己的衣橱进行深入互动的服装，同时还可以顺带着减缓时尚消费的速度。通过丰富用户与产品的关系，MakeUse提出在所有服装中融入持续和不断进化使用的概念。每件MakeUse服装的结构都被简化，通过正在进行的持续改进和“明显修改”延长了潜在的服装使用寿命。MakeUse感谢所有用户为任何一次活动贡献的各种技艺和表现出的热情程度，并且通过在不同的完成阶段和干预阶段提供不同的产品，来迎合不同的制作者和用户的需求。

149

图149
MakeUse项目服装的细节展示了数字印花的表面图案和插入的线迹交替“修补”了服装。

赫利·麦奎伦供稿

MakeUse 项目的服装是在 120cm 幅宽的面料上设计的；通过旋转丝缕方向，可以修改服装的长度或宽度，以适应不同幅宽的面料。将二维纸样和面料与三维服装之间的联系清晰明确地表达出来，旨在使制造商 / 用户更好地理解他们可能实现的造型和修改方案。面料上采用了数码印花和数字刺绣，可以为用户/制造商提供指导和帮助。

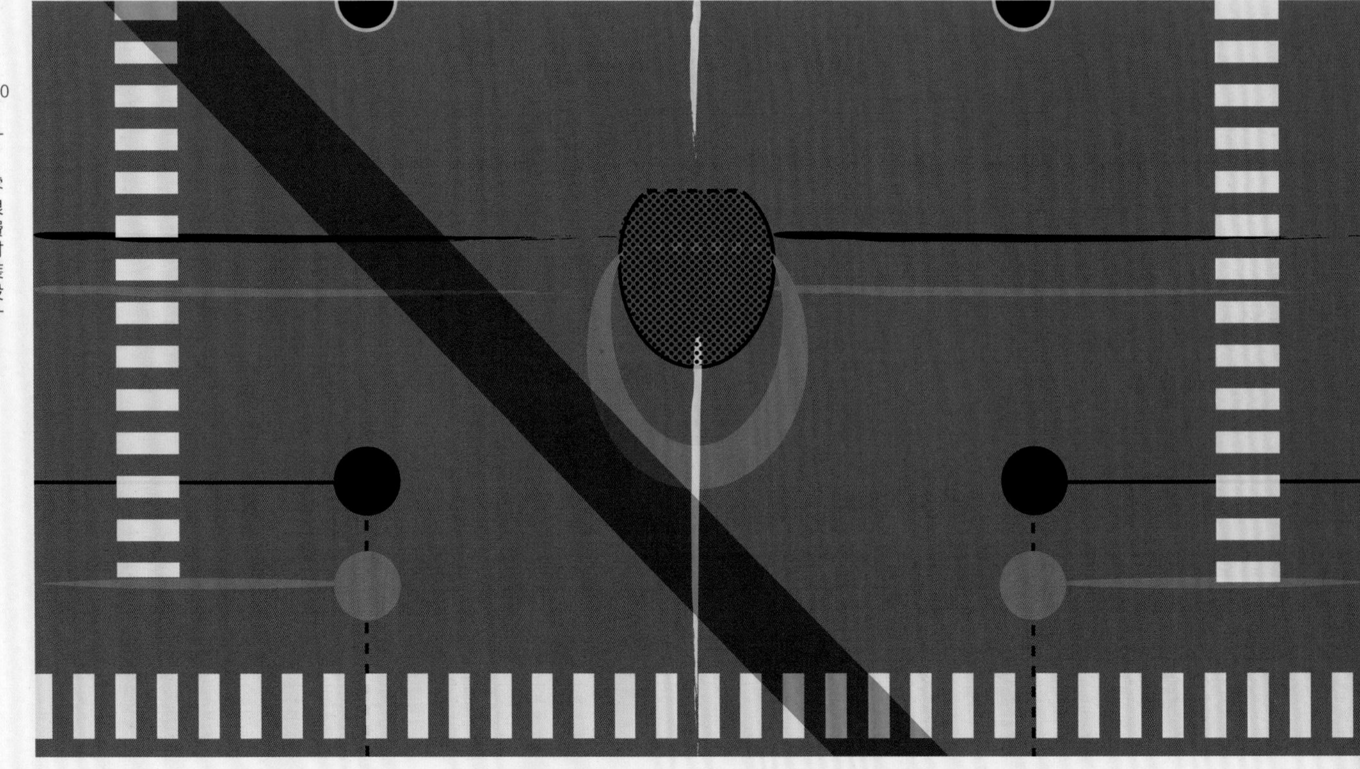

150

图150
MakeUse项目短T恤的纸样。这个数码印花的纸样从美学的角度将印花穿插在结构设计环节中。

赫利 · 麦奎伦供稿

图151
MakeUse项目的短T恤。

赫利·麦奎伦供稿

152

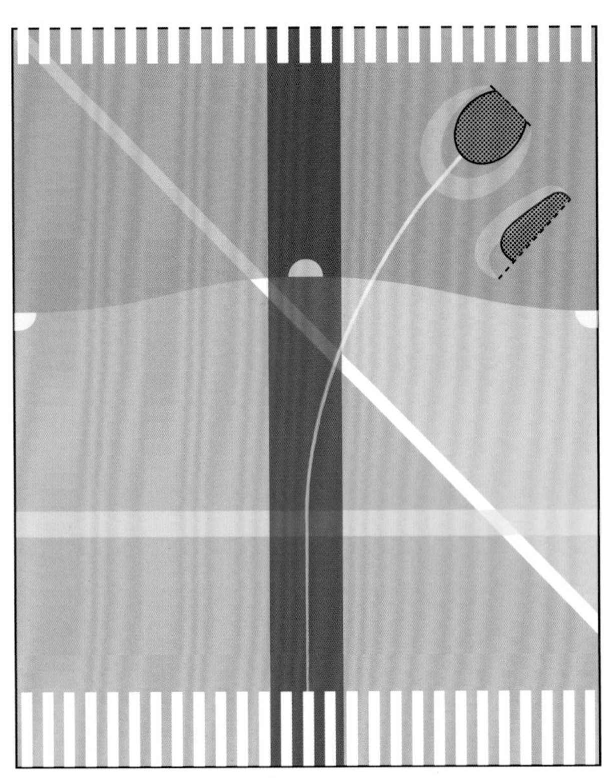

印花/纸样示例

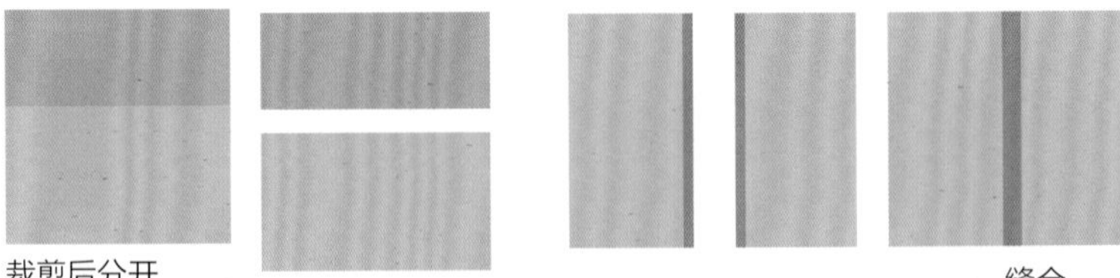

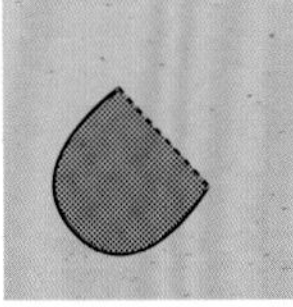

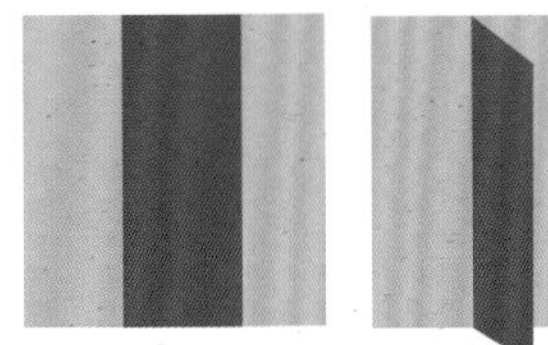

图152
MakeUse项目运用数码印花来协助服装的结构设计和持续不断的修改。印花兼具美感和指导性。

赫利·麦奎伦供稿

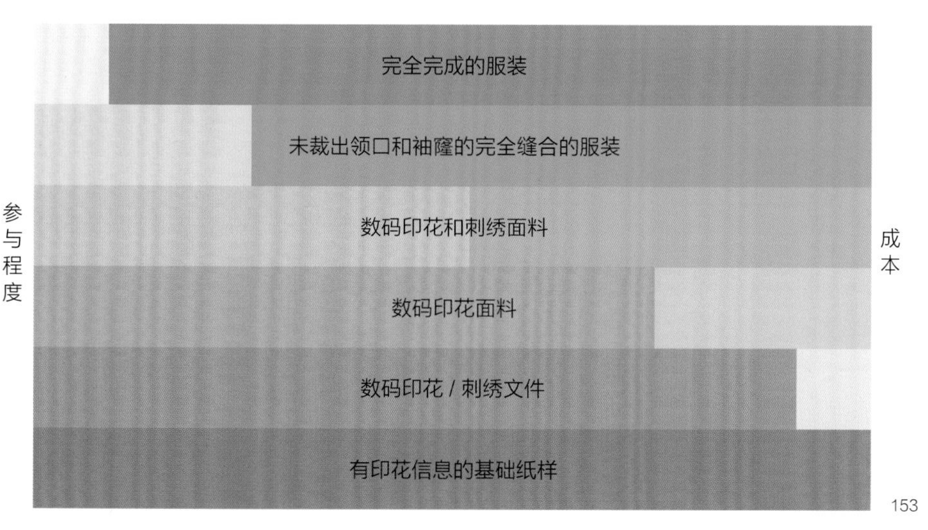

图153
MakeUse系统所包含的不同层级所需的一系列技术层级、收入和可用的时间。

赫利 · 麦奎伦供稿

最终的和服、截短T恤、连衣裙和裤子会拥有一个简约的廓形，缝制起来也很简单，而且随着时间的推移很容易进行修改。每个纸样都可以在嵌套方面有多种修改的可能。例如，连衣裙有两种衣身类型、两种袖型、两种袖窿造型和尺寸以及两种领口的深度。它可以很轻松地改成不同的尺寸和长度。数码印花可以为用户的修改提供指引，同时有助于服装的视觉美感。

可视化定位系统的设计是为了给服装和后期修改提供帮助。一些方位指引，例如从哪里裁剪、在哪里对折和拼接，可以直接印在服装上。

MakeUse服装的目的在于使其成为一个旨在鼓励产品的持续使用和交互使用的庞大系统的一部分。MakeUse存在于“从摇篮到摇篮”系统，它颠覆了“从生产者到消费者再到废弃物”的主流时尚消费流程。设计师提出产品的可行性建议，就像特意为消费者留出可以修改的空间。多种渠道的获取和成本的存在，取决于用户的选择。这种模式鼓励制造业回归本地化生产，旨在促进本地商家和社区参与其中。服装可以以分散式生产的模式在当地的工厂进行数码印花，并由当地用户或裁缝师来完成制作。在使用阶段，加工者和用户的在线社区、数字化教学信息以及服装本身，都可以对交互使用和修改给予支持。一旦消费者在服装的生理学或者美学方面的审美需求不能达成时，单一纤维成分的服装可以被召回、重组或者回收，但是也视纤维的类别和材料的使用情况而定。

虽然很多需采用大规模定制的方式生产的产品已经得到了开发，但是通过零浪费时装设计开发的产品至今仍很少。MakeUse挑战了将时尚视为消费的主流“单向理论”。

提姆·里萨宁设计的耐穿衬衫，始于2009年

从 2009 年开始，里萨宁围绕耐穿衬衫系列进行了修复设计的探索，并将重点放在小范围的修复与改造上，随后又于 2012 年开始设计开襟衫系列。他使用面料的布边作为外部缝份装饰，旨在向用户传达衬衫的零浪费特性，布边是对面料的一种提示。这些服装的目的是随着时间的推移，通过简单的工艺技术（手工衲缝）将设计师兼制作者和用户联系在一起。设计师兼制作者是在服装刚刚制作出来时开始这些操作的，而在麦奎伦的 MakeUse 项目中，用户可以在有需要的时候继续进行这些操作。

每一件耐穿衬衫在设计和制作时都要考虑到未来的修改与修复。在后腰处和肘部的贴片进行手工衲缝是为了显示出明显的修补痕迹，其目的在于，无论使用者的技术水平如何，其未来进行的修补和改造都不会影响服装的审美。此外，“多余”面料可以设计到服装中，使未来的操作变得更容易。如果服装的其他部位需要主面料，可以使用后腰处的内贴片所用的主面料，将内贴片替换为其他面料即可。同样的，袖肘部的贴片下面折叠着的多余面料可以作为备用面料。

2009 年制成的第一件耐穿衬衫在 2012 年被拆开，还用对比色的线衲缝了贴布片，以备日后进一步修补。这个项目没有终点，因为时间只会让它变得更丰富。衬衫和开襟衫将被不断改造和修补，它们可能从一个使用者传递到另一个使用者，新的使用者将会加入到该项目。

154

图154
里萨宁所做的耐穿衬衫的各种变化探索了运用不同面料进行修补和改造的创意，从爱尔兰麻到20世纪60年代玛丽梅科（Marimekko）的窗帘。从2015年开始，该项目扩展到为特定的使用者重新设计衬衫，以他们的体型和尺寸、个人品味和生活方式需要为依据。

提姆·里萨宁供稿

译者注：
① 苏格兰洛赫卡隆（Lachcarron of Scotland），苏格兰本土品牌，创始于1892年，专注于织造传统格子呢面料，凭借其标志性格纹，受到英国皇室、时尚界的一致认可。
② 索尼娅·德劳内（Sonia Delaunay），出生于乌克兰的法国艺术家，以运用强烈的色彩和几何形体绘画而闻名，她的艺术创作涉及绘画、纺织品设计、舞台布景设计。

155A

图155A
里萨宁设计的开襟衫采用苏格兰洛赫卡隆（Lachcarron of Scotland）为帕米拉·范德林德（Pamela Vanderlinde)织造的、以索尼娅·德劳内（Sonia Delaunay）的印花图案为灵感的苏格兰格子呢。不受限于设计生产多样性的商业需要，里萨宁更倾向于为面料赋予故事。

摄影：马里亚诺·加西亚

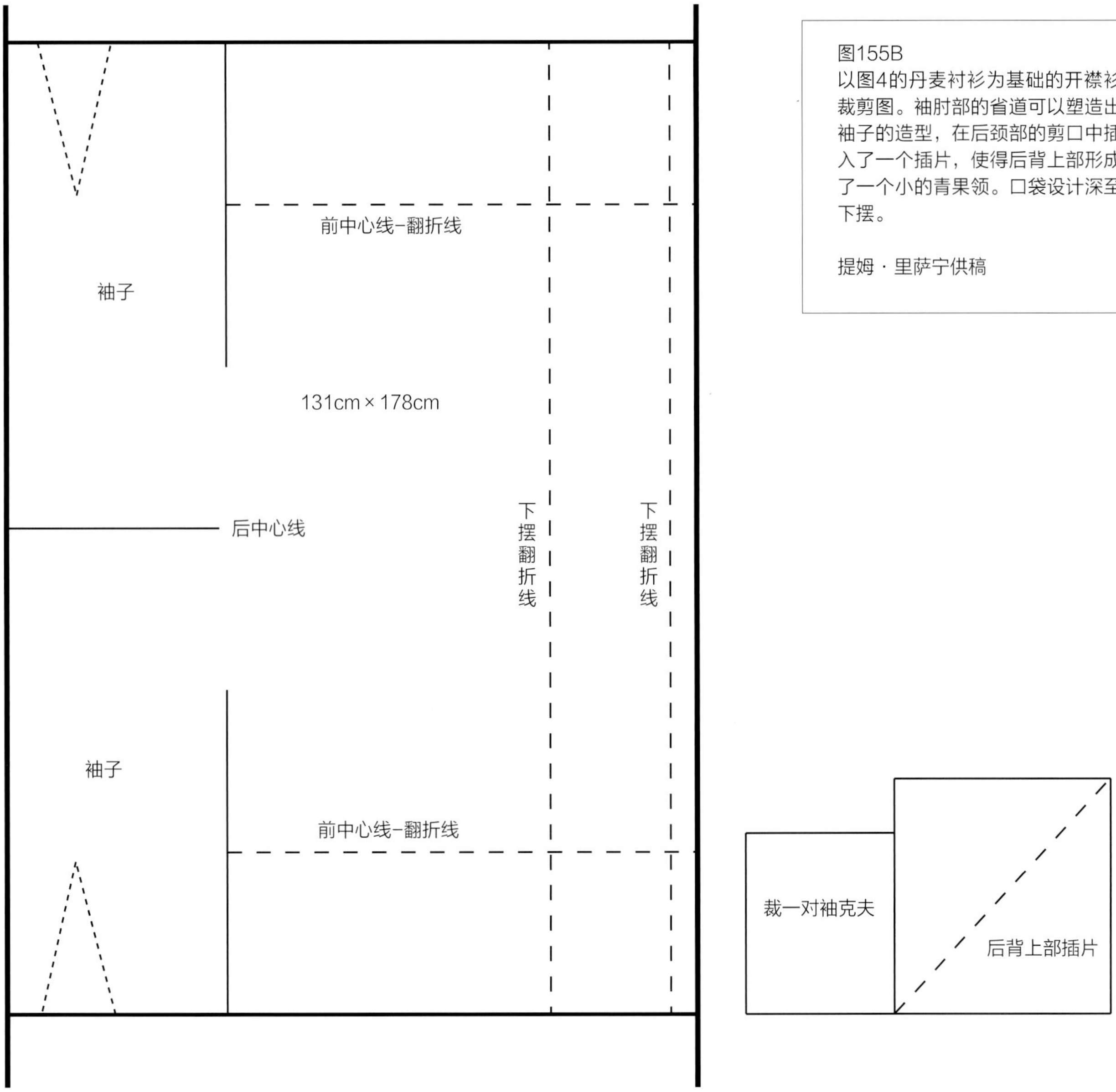

前中心线-翻折线

袖子

131cm × 178cm

后中心线

下摆翻折线

下摆翻折线

袖子

前中心线-翻折线

图155B
以图4的丹麦衬衫为基础的开襟衫裁剪图。袖肘部的省道可以塑造出袖子的造型，在后颈部的剪口中插入了一个插片，使得后背上部形成了一个小的青果领。口袋设计深至下摆。

提姆 · 里萨宁供稿

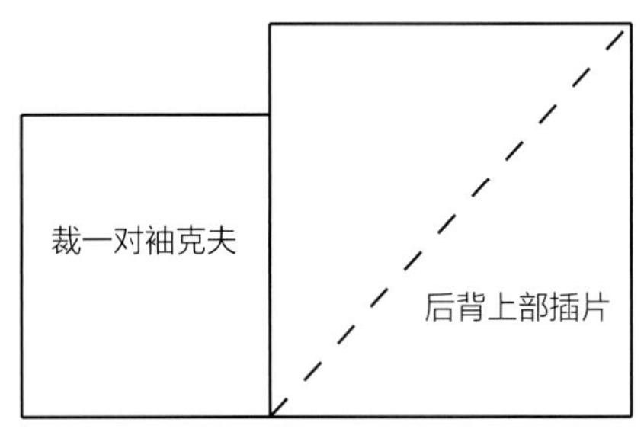

155B

麦奎伦和里萨宁设计的项目受到了托金瓦什（Tonkinwise）以下一番话的感召，“要设计出能够与时俱进的事物，这样才能持久耐用。要设计出尚未完善的、可以不断修复与改造的事物，让它始终处于变化中。”埃伦费尔德（Ehrenfeld）将可持续发展称为“人类与其他生命在这个星球永远繁荣发展的可能性”。关于这种可能性，我们还不完全了解。然而，我们能够分辨出无数我们所能采取的做法，使可能性变为现实。在这一方面，零浪费时装设计提供了一套非常值得采纳的做法，我们邀请你加入其中。

图156
提姆·里萨宁设计的紧腿裤将拼缝作为一种视觉表现的工具，故意营造出一种整体线条的混乱感，同时也突出了身体的特定区域。

摄影：马里亚诺·加西亚

156

快捷路径

1 列出你在设计和制作服装时所犯的错误，以及你从中学到了什么。

2 将 MakeUse 作为一个研究案例，思考为什么零浪费时装设计产生的环境背景很重要。

3 你想为时尚创造怎样的未来，以及为身在其中的自己创造怎样的未来？

致谢

我们真诚地感谢布鲁姆斯伯里（Bloomsbury）出版社的责任编辑克莱特・米歇尔（Colette Meacher）和教材开发编辑米瑞姆・戴维（Miriam Davey），是你们的支持与耐心，使得这本书得以实现。感谢拉奇娜（Lachina）的每一个人，感谢埃维林・卡西柯夫（Evelin Kasikov）在本书制作过程中的奉献。

多年来，我们得到了来自各大学的慷慨资助。感谢梅西大学创意艺术学院（Massey University College of Creative Arts）和帕森斯时装设计学院（School of Fashion at Parsons School of Design）的资金支持，为本书提供了大量的创意作品和文字资料。

我们感谢梅西大学的黛布・卡明（Deb Cumming）、詹妮弗・威迪（Jennifer Whitty）、珍・阿彻－马丁（Jen Archer-Martin）、艾玛・福克斯・戴文（Emma Fox Dewin）、卡尔・凯恩（Karl Kane）、乔・百利（Jo Bailey）、尼娜・维夫（（Nina Weaver）、玛丽－艾莲・伊穆拉赫（Mary-Ellen Imlach）、蒂娜・道恩斯（Tina Downes）和苏・普瑞斯科特（Sue Prescott）。

如果没有众多支持者和贡献者，我们的项目将无法进行。感谢以下诸位：凯特・弗莱彻（Kate Fletcher）、琳达・格罗斯（Lynda Grose）、邓姚莉（Yeolee Teng）、赞德拉・罗德斯（Zandra Rhodes）、维尼弗瑞德・阿尔德里西（Winifreid ALdrich）、瓦尔・霍睿哲（Val Horridge）、朱利亚・哈斯（Julia Raath）、卡摩龙・托金瓦什（Cameron Tonkinwise）、塞里・麦克劳克斯（Sally Mclaughin）、佐伊・萨多科尔斯克（Zoe Sadokierski）、朱利安・罗伯茨（Julian Roberts）、理查德・林德威斯特（Richard Lingqbist）、香取佐藤（Shingo Sato）、亚历克斯・帕尔默（Alexander Palmer）、欧文・鲁克（Owyn Ruck）、萨斯・布朗（Sass Brown）、起亚・科斯基（Kia Koski）、米娜・陈（Minna Cheung）、艾米・杜弗奥特（Amy Dufault）、桑德拉・爱立信（Sandra Ericson）、塔拉・圣・詹姆斯（Tara St James）、凯文・阿尔蒙德（Kevin Almond）、玛亚・斯特贝尔（Maja Stabel）、朱利亚・拉姆斯丹（Julia Lumsden)、莱拉・雅科布斯（Lela Jacobs）、拉杜・斯特恩（Radu Stern）、马里亚诺・加西亚（Mariano Garcia）、伊扎克・阿贝卡西斯（Yitzhak Abecassis）、西蒙・奥斯丁（Simone Austen）、劳拉・普尔（Laura Poole）、大卫・瓦伦西亚（David Valencia）、柯希・尼尼玛卡（Kirsi Niinimäki）、马瑞特・阿卡（Maarit Aakko）、阿妮塔・麦克阿黛姆（Anita McAdam）、凯特・格兹沃斯（Kate Goldsworthy）、瑞贝卡・阿利尔（Rebecca Earley）、大卫・特尔弗（David Telfer）、凯瑟琳・法萨内拉（Kathleen Fasenella）、吉

纳维芙·帕克尔(Genevieve Packer)、吉玛·劳埃德(Gemma Lloyd)、娜塔莉·普罗特(Natalie Procter)、伊奇·巴特尔(Izzy Butle)、尚南·扬(Shannen Young)、麦克斯威尔·威尔逊(Maxwell Wilson)、谢伊·米希尼克(Shay Minhinnick)、瓦普·瑞佩里(Varpu Rapeli)、罗尼亚·阿尔多(Ronjia Aalto)、詹妮弗·贝克伦德(Jennifer Bucklund)、安妮·塔米宁(Anni Tamminen)、卡拉·费尔南德兹(Carla Fernandez)、塞缪尔·福莫(Samuel Formo)、卡洛琳·普里贝(Caroline Priebe)、娜塔莉·查宁(Natalie Chanin)、法里德·舍农(Farid Chenoune)、阿蒂·桑杜(Arti Sandhu)、玛丽·奥马奥尼(Marie O' Mahony)、卡兰·吉尔德(Karen Giard)、阿迪里尼·珀尔施坦恩(Adrienne Perlstein)、约翰·奎恩(John Quinn)、尤哈·阿维德·赫尔米尼(Juha Arvid Helminen)、诺拉·帕嘉里(Noora Pajari)和艾玛·海克宁(Emma Haikonen)。

多年来，以下机构也慷慨地给予了建议与支持，感谢你们：道斯艺术博物馆(The Dowse Art Museum)，纺织艺术中心(Textile Arts Center)，皇家安大略博物馆(Royal Ontario Museum)，威廉斯堡殖民地基金会(The Colonial Williamsburg Foundation)，圣地亚哥历史协会(San Diego History Society)，约翰·威利和桑斯有限公司(John Wiley and Sons Ltd.)，赫斯特公司(Hearst Corporation)以及拉赫蒂应用科学大学(Lahti University of Applied Sciences)。

感谢过去和现在的所有学生以及我们从你们那里学到的一切。

最后，我们要感谢我们的合作者和家人，是他们让我们有机会从事这项工作：托马斯(Thomas)、西奥多(Theodore)和马格努斯·麦克奎兰(Magnus McQullian)；乔治·普利奥尼斯(George Plionis)。

谢谢！

赫利·麦奎伦（Holly McQuillan）的长款大衣和缠裹款衬衫，操作/利用（Make/Use V2）项目。

邦尼·斯图尔特-麦克唐纳德（Bonny Stewart-MacDonald）摄影